国外植物景观设计理论与方法译丛

格特鲁德·杰基尔的花园

The Gardens of Gertrude Jekyll

［英］理查德·贝斯格娄乌　著

尹　豪　王美仙　李冠衡　郝培尧　译

中国建筑工业出版社

著作权合同登记图字：01-2011-2050号

图书在版编目（CIP）数据

格特鲁德·杰基尔的花园／（英）贝斯格娄乌著；
尹豪等译. —北京：中国建筑工业出版社，2013.10（2024.1 重印）
（国外植物景观设计理论与方法译丛）
ISBN 978-7-112-15675-7

Ⅰ.①格…　Ⅱ.①贝…②尹…　Ⅲ.①园林设计
Ⅳ.①TU986.2

中国版本图书馆CIP数据核字（2013）第177081号

责任编辑：杜　洁　王　磊　段　宁
责任设计：陈　旭
责任校对：肖　剑　陈晶晶

国外植物景观设计理论与方法译丛

格特鲁德·杰基尔的花园

The Gardens of Gertrude Jekyll

[英] 理查德·贝斯格娄乌　著

尹　豪　王美仙　李冠衡　郝培尧　译

*

中国建筑工业出版社出版、发行（北京西郊百万庄）
各地新华书店、建筑书店经销
北京锋尚制版有限公司制版
北京中科印刷有限公司印刷

*

开本：787×1092毫米　1/16　印张：12½　字数：300千字
2014年6月第一版　2024年1月第二次印刷
定价：85.00元
ISBN 978 - 7 - 112 - 15675 - 7
（24192）

目　录

前　言

　　杰基尔自19世纪末到1932年去世前所设计的精美花园早就闻名于世。从杰基尔开始造园到现在已有100多年了，她被认为是对今天的花园设计最具影响力的设计师。

　　尽管如此，杰基尔小姐对花园设计的实质性贡献被普遍地误解。一种固有的观点认为她是草本花境的"发明者"，或是一位热心的彩色花境的建造者，在建筑师精妙的花园规划中填补留下的空缺。这种误解掩盖了杰基尔小姐一生孜孜不倦地在造园方面所积累的大量宝贵经验。

　　幸运的是，所有杰基尔著作的新版发行已成为可能，所以相比十多年前更容易研究杰基尔的造园思想。杰基尔作为一名作家，除却13本著作和上千篇文章外，还留下了250个花园的2000多个规划方案。这些工作副本多年来堆积在芒斯特德·伍德（Munstead Wood）住宅的工作室里。后来，美国园林设计师比阿特丽克斯·法兰德（Beatrix Farrand）获得这些图纸，1959年逝世时，她遗赠给了加利福尼亚大学伯克利分校环境设计学院，形成以她的消夏别墅瑞夫·鲍恩命名的藏品（Reef Point Collection）。这些藏品令人震惊地记录了杰基尔作为一名花园设计者的多才多艺，清楚地展示了她对于细节的极度关注。

　　《格特鲁德·杰基尔的花园》一书编选了这些设计方案中有代表性的案例，首次展现给每一位花园爱好者。杰基尔小姐努力实现着看似自然而绚烂多彩的植物景观，这是她设计的花园的特征，而对这些成就进行总结却并非易事。筹划该书时，对2000多张图纸逐一进行了研究，最后在她所做的150个杰出的案例中精心筛选出47个设计方案编入本书。虽然如此，最终的挑选尽可能广泛地代表了不同的环境、尺度和特色。

　　作为杰基尔小姐的工作副本，这些设计图纸不是用来向他人展示的。她快速而果断的笔迹，以及随着图纸深化在最后时刻进行的涂改和日久变黄的纸面，都意味着需要仔细辨认图纸，运用植物历史的知识将植物名称转译为现在可认知的植物，并且带着设计和种植上的经验去理解杰基尔小姐对植物的选择和布置。

　　《格特鲁德·杰基尔的花园》中的每一个设计都进行了改绘和重新标注（手写体，但较杰基尔小姐的笔迹易于阅读）。通用名和植物学名混合使用的方式被保留，以便保持原来的特点，但将植物学名进行了更新。图纸进行了涂色，以便于能够粗略地感知每个设计所设想的总体效果。进一步的分析展现了植物的形式、枝叶上的细节和季节性的变化，这些细节与格特鲁德·杰基尔花园设计的总体原则相关联。尤其是贯穿全书配插了杰基尔设计的花园目前的照片，或是现代依照杰基尔的传统进行种植的照片，它们生动地展现了植物的选择和搭配。

　　我撰写《格特鲁德·杰基尔的花园》一书的主要目的是为了扩展理解隐含在杰基尔小姐花园设计图中的一些基本原则。图纸的筛选、重绘、涂色和分析都基于这样的目的进行。没有试图修改图纸去迎合

在赫斯特考姆花园（Hestercombe Garden）中一个阳光充足的角落里，清楚地展现了杰基尔小姐一次运用几种漂亮植物的趣味。叶灰色、体形硕大的蓟（thistle）和圆球形的神圣亚麻（santolina）确立了植物的组合特征，与路特恩斯设计的漂亮石材的色彩和刻纹状的表面肌理相协调。芳香的月季（rose）花环和对面草坪上修长的白花百合（Madonna lily）取得均衡。迷迭香（rosemary）以自己竖向的生长势头在形体上和视觉上支撑着百合，重复着向上的线条，柔化了建筑，统一着整个花园。

"现代情境"中的一些固有观点。每个杰基尔的方案都是针对特定的场景而设计，我不提倡用管理粗放的委陵菜（potentilla）和覆盖地面的金色针叶树替代大丽花（dahlia）、金鱼草（antirrhinum）和被铁线莲（clematis）缠绕着的翠雀花（delphinium），那样可以形成全方位的、四季成景的、低维护的杰基尔式花园。那样的做法不只是造成错觉，而且全然没有领会杰基尔小姐的造园方法和生活态度——坚定地追求完美，并不在意成功与否，那样才是全面而令人满意的生活。

当然，可以从杰基尔的图纸中细心地挑选出一些设计方案转换成低维护的小型花园。同样，植物丰茂的大型花园也可以从杰基尔的花园设计手法中获得灵感，她只要稍作修整就能在一片荒野地中造出花园。但是首先必须领会掩藏在设计图背后的设计原则。

一个领会和理解它的好方法是去复制这些设计。学生时期的杰基尔小姐在国家美术馆中耗费多日临摹特纳的绘画，就是为了更好地理解他运用色彩的奇妙方法。跟随书中的叙述，摹绘《格特鲁德·杰基尔的花园》中的设计图，就能够清晰地看出植物组团的栽植方法和植物组合的发展变化。利用书中提供的信息多层面地研究每个方案——花期的季节性变化、叶色和肌理的变化或是常绿植物的布置，杰基尔完整的设计特点就会逐渐呈现出来。

这些努力会获得经验和鉴赏力的提高，可以领会其中的设计原则，而非模仿种植的细节，就能自己建造出令人满意的植物组合，就能心满意足地获得杰基尔称之为"我们所知道的身边最伟大的创造力"的设计思想。

花园建造

今天的园艺爱好者需要艺术化的视野

芒斯特德·伍德,萨里郡(Munstead Wood, Surrey)

蒂讷瑞,伯克郡(The Deanery, Berkshire)

杰基尔小姐在今天的花园设计中拥有重要的地位，要了解其中的原因，就需要简短地回顾她进行园艺活动的历史背景。

格特鲁德·杰基尔于1843年生于伦敦，经历了英国工业和帝国扩张的巅峰时期。5岁时，随家人迁往萨里郡的布莱姆雷。在伯克郡生活了将近10年后，35岁时返回萨里居住，她认为这是在漂泊流亡之后最终回到了故里。在靠近戈德明小镇的芒斯特德·伍德的家中，她自愿过着半传统的生活。住宅就坐落在萨里荒郊的一处安静的隐蔽之地，处在日渐喧闹的大道和前往伦敦的通勤铁路之间。

1861年住在布莱姆雷时，她进入了位于南肯星顿的艺术学校学习绘画。这一年，威廉·莫里斯在红狮广场创立了莫里斯·马歇尔·福克纳股份公司，距离英国博物馆半步之遥。莫里斯对杰基尔的思想产生了深刻的影响。他有着广泛的兴趣，喜爱绘画、纺织、染色、印刷、雕刻和诗歌。总的来说，他借助自己的公司促进了彩色玻璃、手工家具和室内设计材料的生产。他学习和翻译了冰岛的英雄传奇故事，深刻地对比了中世纪手工主导的贵族时代和在非人性的工厂条件下生产粗糙、劣质产品的工业化大生产。所有这些被归结为一种哲学观点——阐释艺术对生活的重要性，以及审美上的统一，和心、手和眼在创造过程中相结合的重要性。这也被称之为工艺美术运动的根本原则。

所有这些对格特鲁德·杰基尔产生了影响：她节俭而富于创造性的生活方式中包含着工艺美术运动所提倡的思想。作为一个学生，她结识了莫里斯，并在他的指引下去参加约翰·拉斯金的讲座。拉斯金是前拉斐尔派和工艺美术运动的首位宣扬者。在肯星顿，杰基尔小姐学习了色彩理论。她颇费时日地在国家美术馆学习特纳的绘画，拉斯金演讲中描

这儿展现了芒斯特德·伍德菜园里初夏的花境，是杰基尔小姐时代的彩色照片。以暗色紫杉（yew）篱为背景，淡蓝色、黄色和白色的鸢尾（iris）和羽扇豆（lupin）展示了这个季节的清新景观，偶尔出现的鸢尾开谢后的较深色调增加了温暖的感觉。（上页图）

在杰基尔小姐的刺绣图案中，大量的花卉被巧妙地布置在一个方形之内，自然而可控地用线描绘而成。这与她的花园设计非常相似。（下图）

这是20世纪初芒斯特德·伍德花园中的一条林地步道。修长的桦树（birch，为了如画般的效果被仔细地梳理过），从石缝中不经意伸出的一丛蕨类，以及一片深色叶的杜鹃花（rhododendron）的松散组团——这些煞费苦心的努力产生了必然的良好效果。

绘了"特纳的秀丽风景"，和谐而强烈的色彩和印象主义的色彩运用给予了她灵感。

　　她在伦敦的学习，去各国的旅行（到过希腊、意大利、北非、瑞士），以及与一些有才华人士的亲密交往，提高了她对传统价值和传统技术的认识，坚定了自己在生活、写作和设计中保持传统的决心。杰基尔小姐自己积极地从事着多种工艺活动：织锦和刺绣、金属工艺、木工、绘画和后来的新技术——摄影。在芒斯特德·伍德的家中，她为葡萄酒窖的门雕刻了优美的葡萄藤和葡萄叶图案作装饰，为自己的许多著作精挑细选了大量的照片做插图。

　　莫里斯所推崇的艺术统一的构想在杰基尔小姐的所有作品中清晰可

见。她雕刻的木质藤本植物的卷须让看到的人忍不住要凑近观察真正活着的植物，或许她刻画的就是芒斯特德·伍德花园中攀爬在花境背景墙上的'紫叶'葡萄（*Vitis vinifera* 'Purpurea'）。她为刺绣协会所做的织锦样式展现了花园中丰富与秩序并存的特征，在她野生花园的设计图中能不时地看到刺绣中展示的优美的成片郁金香花梗或者百合花瓣。

然而，园艺成为杰基尔小姐不间断进行的一项活动，围绕她的日常生活逐渐展开。和母亲搬回萨里时，她在芒斯特德的家中建设了花园，从伯克郡以前的家中移来了果树，建造了藤架、野生花园和长花境。到1880年，花园的景致已经足以引人注目，邀请了迪安·霍尔（Dean Hole，国家月季学会的第1届主席）和威廉·罗宾逊（《花园》杂志的主编）前来参观。1883年，杰基尔小姐在芒斯特德住宅的另一边得到了一块属于自己的土地，芒斯特德·伍德。在这里，她很快建成了声名远扬、广受艺术家和园艺爱好者赞誉的花园。

1875年，杰基尔小姐在《花园》杂志的办公室里结识了威廉·罗宾逊。此时，罗宾逊已经因尖锐地评论和倡导园艺风格而知名。他热心于园艺活动，十分赞赏在法国看到的高超的修剪技术、集约式的蔬菜种植方法和蘑菇生产方式。但是他对温室中的外来植物及其在过分装饰而夸张的花床中展示的方式不感兴趣。取而代之，他赞赏野生花园和耐寒的花卉园，在这儿植物本身自然而真切的美能够得到展现和欣赏。

杰基尔拥有着与罗宾逊相同的喜好，成了《花园》杂志的定期撰稿人。并在罗宾逊1883年首次出版的《英国花园》一书中，编写了"花园中的色彩"一章。然而，她对植物欣赏的趣味更为包容：她为彩色的花坛植物极力争辩，指出错误并不在植物本身，而是因为应用的方式愚笨无知。后来，杰基尔小姐出版了《一年生和二年生植物》，详细叙述了它们持久而亮丽的色彩在花园中的价值。罗宾逊在后来再版的《英国花园》中极不情愿地加入了"夏季花坛"的章节，还在脚注中提醒读者这只是为了成书的完整性，并不是他自己写的。

罗宾逊对花坛的厌恶成了他的困扰，在后来版本的《英国花园》中激烈地抨击建筑师介入花园设计，在他看来，建筑师甚至很少能够设计出体面的建筑。1892年，雷金纳德·布劳姆菲尔德（Reginald Blomfield）试图坚定地回击罗宾逊，出版了《英国的规则式花园》，使得花园设计思想中埋藏已久的严重分歧表面化。

布劳姆菲尔德认为"风景式的造园"只是对自然的拷贝，不可避免地不及原先的景致；这表明设计者放弃了艺术上的责任。对布劳姆菲尔德而言，设计是理智地对体块、空白和比例进行抽象，是对几何图形交互作用的精心研究，而园艺就会成为必然的祸害。作为建筑师的仆从，园艺师的作用是避免恣意生长的植物遮蔽了图板上细心设计出的布局形式。另一方面，在罗宾逊看来，"自然"意味着和谐之美的圆满之作，需要谦卑的园艺爱好者不断地追求。植物是花园的原材料和花园存在的理由，台地、墙、台阶和其他建筑上的累赘应该保持在尽可能小的程度上，能够支撑坡地上的房屋即可。无论如何要避免使用喷泉、雕塑和所有其他的人造物（尤其是人造温室条件下养护的大量盆栽的外来植物）。

战线由此划定，在《英国的规则式花园》出版后的6个月，罗宾逊出版的《花园设计和建筑师的花园》是对布劳姆菲尔德嘲讽的激烈回应。3个月后，同年10月，布劳姆菲尔德出版了第二版的《英国的规则式花园》，在漫长的序言中反驳了罗宾逊的言辞，充满了对罗宾逊思想的轻蔑。这场言语上的羞辱与攻击让那个时代的园艺爱好者感觉到花园要么是被设计的，要么是有趣味的。

格特鲁德·杰基尔摒弃各种质疑，证实了将设计和种植一分为二的做法是愚昧无知的，这是一个对造园最伟大的贡献。花园设计不能脱离翻土、支撑和去除残花等脏乱的实际工作空谈理论风格，而是要付诸所有可自由支配的精力、耐心和技艺去寻求美与和谐。在论战中，她持有双方的观点，既探讨艺术也论述园艺。

1889年，当杰基尔小姐结识年轻的建筑师埃德温·路特恩斯时，她作为和平使者的角色变得更加富有意义。路特恩斯虽然过于拘谨，但思维敏捷，并挚爱着自己选定的建筑专业。他和杰基尔小姐一样非常赞赏

一张早期的彩色照片显示了土耳其鼠尾草（*Salvia sclarea*）、芳香的蓝盆花（scabious）和高高的粉色蜀葵（hollyhock）——都是传统的村舍花园中的花卉——它们的色彩和谐地融合在一起。前面花叶的圆叶薄荷（apple mint）和白色的金鱼草（antirrhinum）粗大的尖塔形花序插入了一种清晰明亮的色调。

传统工艺，把无限的想象和对细节的极度关注结合在一起。或许一个最可爱的例子就是在新德里宫城里设计的幼儿园时钟。为了衬托宫殿，称得上数英里长的街道和数英亩的面积内有着精细雕刻的石作。在全力应对这一复杂性的同时，路特恩斯用古板的穿着制服的男仆形象为幼儿园设计了一座时钟，一只眼睛是时钟钥匙孔，另一只眼睛是报时装置，咧开的笑嘴里含着弧形快慢调节器。

尽管两人性格上有很大的不同，或许也正是由于这个原因，格特鲁德·杰基尔和埃德温·路特恩斯形成了亲密的朋友关系。他们一起乘坐杰基尔的轻便马车去走访学习传统的建造技术，互相提建议并相互支持。无数乡土建筑的美丽效果和农民简单的造园方式被他们汲取，融入复杂而可发展的设计思想之中，由此创作出了很多在乡村花园中静静地

这是杰基尔小姐时代芒斯特德·伍德花园中的春季花园。春季花园是楔在主花境和菜园之间的三角形地块，它的双花境展现了早夏和秋天的景观。主要的色彩由细心挑选过色调的窄条带状的郁金香（tulip）、不规则形条块的南庭荠（aubrieta）和南芥（arabis），以及飘带形的桂竹香（wallflower）所呈现。在主要开花季节过去之后的很长时间里，淫羊藿（epimedium）和芍药（peony）的叶子装饰着花园。

一条坚果树步道底部种植着春季球根花卉和其他早花的植物，令人喜爱地连接着花园的不同部分。在芒斯特德·伍德花园中坚果树步道从房屋的北庭院引向位于主花境一端的藤架。这里展示的坚果树步道是在肯特郡汤布里奇镇的一个私家花园中。在年初那里漂亮而充满惊奇，当草本花境、月季花园以及其他类似地方的植物还没有开始生长时，坚果树的叶子慢慢展开，树下春季花卉所装饰的景观逐渐让位于绿叶植物。形成了荫凉、绿色的通道，成为去其他地方欣赏亮丽的夏花植物之前的铺垫。

坐落着的乡村小屋作品。

　　他们合作的第一个成果是杰基尔小姐自己的住宅——芒斯特德·伍德。路特恩斯的设计娴熟地契合了杰基尔小姐早已出名并很快走向成熟的花园风格。住宅和花园的结合是直接而完美的，体现了建筑师和园艺师之间的默契。

　　房屋有着深色的屋顶、高高的烟囱和大量当地石材砌筑的墙体，由一条安静的小路从小巷中慢慢引入。房屋的后面是北向背阴的庭院，绣球藤（*Clematis montana*）装饰着出挑的走廊，并垂落在淡绿色和白色芒斯特德·伍德，萨里郡。

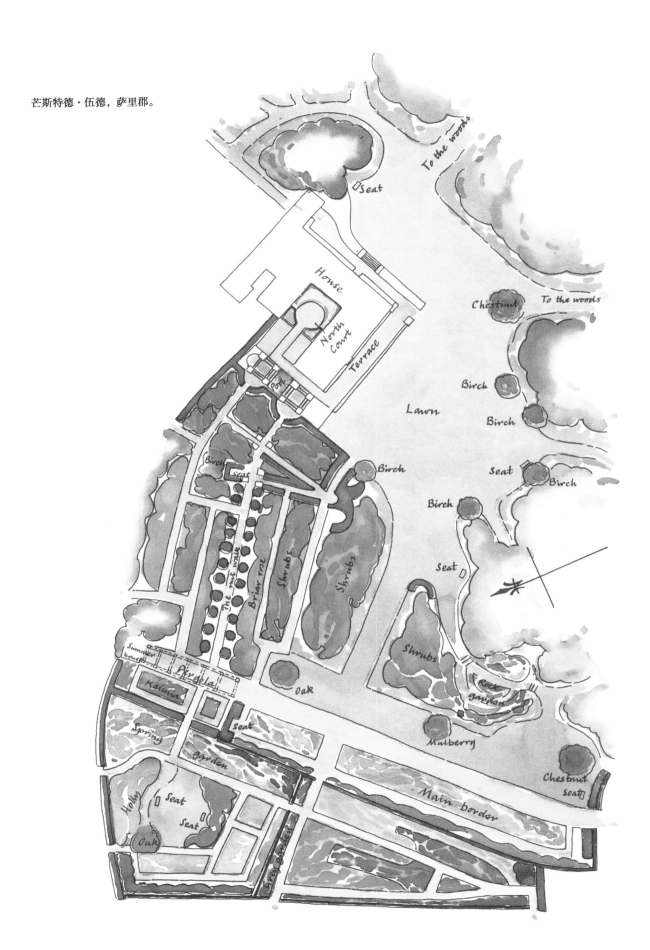

的欧洲荚蒾（*Viburnum opulus*）上。地面上的盆栽植物百合（lily）、玉
簪（hosta）、蕨（fern）和高高的风铃草（campanula）也呈现着清凉的
色调。凉爽的、低低的后退台阶侧面摆放着盆栽的天竺葵（geranium）、
福南草（*Francoa ramosa*），道路由此引入，导向花架，路边长满了芳
香的多花蔷薇（sweetbriar rose），接着到达主花境，最终能够看到灰色
花园展现出轻柔的美以及由球根花卉和耐寒蕨类组成的春季花园。花园
较大的部分则是由长满草的道路所贯通，引向林地。建造花园的时候，
由于15年前的树木砍伐导致杂木丛生，经过精心的疏伐和组织形成了许
多优美的林地景观。

在芒斯特德·伍德花园中，感人的场景随处可见，从北庭院繁茂
枝叶带来的荫凉到沿台阶摆设的赤褐色盆栽天竺葵（geranium）呈现出
的亮红色；从安静的林地步道到蓝色的绵枣儿（scilla）和葡萄风信子
（muscari）展现出的精美，以及春天花园里蕨类幼叶之中白色的风信子
（hyacinth）和黄色的水仙（narcissus）表现出的亮丽；在绚丽的主花境
中，两端是柔和的灰色和蓝色，中部壮丽的红色和橙色形成色彩的高
潮，等等，这些都表现出壮观与适度克制之间的均衡。

1901年，路特恩斯接到了他最为重要的设计任务，位于伯克郡桑宁
地区的蒂讷瑞住宅。在古老的墙体之内围合着只有0.8hm²的场地，路特
恩斯为爱德华·哈德森设计了住宅。哈德森是杰基尔小姐的朋友和近邻。
蒂讷瑞住宅对路特恩斯而言非常重要，从哈德森那里他得到了思想上的
共鸣。作为《乡村生活》杂志的所有人，哈德森刊发文章向广大富于鉴
赏力的读者热情地描绘和推销了路特恩斯的设计作品。在向世界证明住
宅和花园两者可以完全融合方面，蒂讷瑞住宅也很重要。

我们不能复制自然，但可以学习那种"绘画中称作'宏大'的特征"。牛津郡查尔伯里的戴尔斯·希尔（Dyers Hill House）住宅花园中，树下种植着大片的水仙（narcissus），形成了一种精彩的自然效果。在蒂讷瑞花园的果园中，晚开的水仙将球根花卉延续8个月的开花序列推向了高潮。

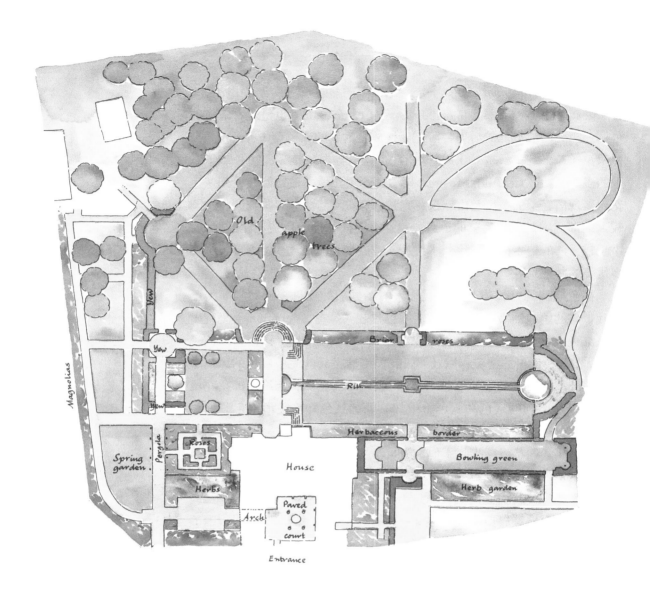

蒂讷瑞花园，桑宁，伯克郡（The Deanery, Sonning, Berkshire）。

蒂讷瑞住宅沉重的橡木门开向喧闹的乡村街道，进入后是覆顶的通道，旁边是开敞庭院，中央有一个小水池。瞬间完全实现了从繁忙大街进入安静绿洲的转换：叮咚作响的溪流，从储水槽蜿蜒流过雕刻的石渠进入水池，产生了那种摩尔式风格天堂里的回响。从外门直着向前，是住宅的前门，非常得体。通向一道长廊，将主人与客人引入上部的主台地。前门的左边是一个砖和白灰的拱券，连接着小小的入口庭院和主空间，首先看到草本花园和花架的横向景观。在花架的下部，一条小路向前，经过小小的月季园，再经过左边以老旧墙体为背景的木兰（magnolia）春季花园，在上部台地紫杉（yew）宽大的台柱之间会合。从这里的主路引出经过圆形台阶来到密植着球根花卉的果园中；也可走侧面一段包裹着台地挡墙的台阶，下行进入更低的一层台地，中部有一条长长的小溪，然后到达果园和更低的草坪。

　　蒂讷瑞花园是一个轻描淡写的杰作。竖向的些许改变限定着空间。空间之间的分隔借助紧密的紫杉（yew）体块、花架柱和半圆形瓦片的漏墙完成。石雕工艺异常精细，却又常常被格特鲁德·杰基尔招人喜爱的种植所柔化；这里的植物装点着花园却从不过于显露自己。路特恩斯的传记作者克里斯托弗·赫西（Christopher Hussey），评价蒂讷瑞花园"真正地平息了那场争论，雷金纳德·布劳姆菲尔德和威廉·罗宾逊是长期争论规则式和自然式花园设计的主要参与者。杰基尔小姐的自然式种植联袂路特恩斯的几何式布局将两种设计思想均衡地统一在了一起。"

　　路特恩斯继续探索着古典建筑的神采和严格比例所带来的挑战，比如在佛利农场、格莱斯顿、赫特考姆和新德里，他诙谐地称这些实例为"文艺复兴盛期"，不同于克里斯托弗·列恩的建筑风格。但他继续创造着神奇，设计的德娄格城堡如画般的富丽堂皇，这座巨大的城堡是在1910年至1930年间为朱利叶斯·德鲁建造，位于达特姆儿高原边缘地带。他还在厚雷岛再一次为爱德华·哈德森效力，改造了林迪斯芳城堡。

　　但是，新世纪正在到来，环境发生着迅速的变化。私人财产的减少，现代建筑运动简洁朴素的趋势，尤其是建筑设计和传统建造技术与运用大批量生产的构件进行机械化建造的方式日渐分离，从而导致路特恩斯逐渐脱离了建筑设计的主流。他被在新式学校受过教育的年轻建筑师所遗弃，尽管仔细看他的一些设计如佛利农场的建筑，在简洁性上与弗兰克·劳埃德·赖特在美国建造的住宅表现出了惊人的相似，抑或类似于彼得·贝伦斯和沃尔特·格罗皮乌斯在欧洲的模数化砖砌建筑。

　　尽管出现了新式的住宅区、新式的小花园和节省劳力的设计思想，

戈雷沃尔，古雷，东洛锡安（Greywalls, Gullane, East Lothian），由路特恩斯设计的石作所呈现出的精巧曲线和反曲线毫不费力地融入了交叉道路的几何图式中。阳光下和斑驳树荫中的小丛树木营造了快速转换的氛围，从而迅速地改变了环境。在这里，规则式和自然式的花园设计在语义上宣称的差别变模糊了。

杰基尔小姐却从没有失宠。她的书籍依然被公共图书馆所收藏，她的设计思想继续存在于许多园艺师的作品中，如赫德考特庄园（Hidcote Manor）的劳伦斯·约翰斯顿、斯辛赫斯特城堡（Sissinghurst Castle）的维塔·萨克维尔·维斯特、康斯坦斯·思铂睿（在花卉布置上受杰基尔小姐思想的影响）、格雷厄姆·斯图亚特·托马斯（散宁德尔苗圃的主管和国民托管组织花园方面的顾问）。

随着战后家用轿车数量的迅速增长和休闲时间的逐渐增多，由这些人建造和保护的花园得到了越来越多、欣赏水平日益增高的爱好者的造访。甚至于后来当杰基尔小姐的著作在图书馆的书架上找不到的时候，她的设计思想被公众借助新式的彩色杂志和通过实地参观花园实例的方式被重新认知，他们渴求从中获得灵感来指导自己建造花园。

杰基尔设计思想的重新发现伴随着环境保护主义、反现代主义和渴求在生活中脱离物质时代的束缚回归人性与精神等社会运动的兴起。这一社会现象与奠定工艺美术运动的社会环境相似，杰基尔小姐就是那场运动必不可少的组成部分。

1982年，杰基尔小姐在去世后的50年变成了民族英雄。之后10年，英国的花园发展为以色彩协调的组团来展示植物为核心。

为什么杰基尔小姐的影响力如此广泛。主要的原因就在于她在园林和园艺方面的造诣不仅深入而且宽广。她视造园为艺术，就像18世纪的绘画、诗歌、音乐和雕塑一样。但是，她也意识到将一个花园的艺术概念转化为现实需要大量的园艺实践技艺。她兢兢业业地研究着自己进行艺术实践的这些材料。

值得注意的是，杰基尔小姐从没有将自己称作花园设计者，也很少用"花园设计"这个称谓。对她而言，园艺是使花园变得称心和美丽的行为，就像绘画是在画布上创作艺术作品一样。花园的规划布局、植物方面的知识和植物栽培在花园的建造中是相互依存的，如同重要画作的产生包含了画面的构图、对颜料和画布的熟知以及绘画的技巧等方面。在杰基尔小姐的花园建造和其他方面的工艺美术实践之间可以找到很多的相似性。实际上很容易发现：她的很多书中多次提及植物在肌理和质感方面的相似性，以及画家和园艺师在色彩使用上的相似性。她书中的文笔接近于诗人，她不计其数的花园设计图有着自身绘画般的美。

杰基尔小姐作为花园设计者举足轻重的第二个原因是能够整体上运用自己的设计思想。她从不着手创作和筹划一种特别的花园风格，认为花园的完美永不可求，只是脚踏实地、耐心地逐步让花园趋于完善。她虽然设计过在我们今天看来面积很大的花园，但是她从不将数量和质量

"树丛和花园相接的地方是常绿杜鹃花（rhododendron）。"杰基尔小姐的照片显示了在芒斯特德·伍德花园中的一个安静角落里，耸立着细心梳理过的桦树（birch）丛和一团细心栽植的杜鹃花。就是这样的花园景致，挖掘和丰富了场地的潜质，使得路特恩斯把杰基尔小姐描述成"一位在植物的应用上老练而富有经验的艺术家。"

混同，坚决主张"花园的规模与它的品质毫不相干。而是园主人自己的心胸、头脑和品德决定了他的花园要么精彩万分要么死气沉沉。"她的影响非常深远，她的设计丰富多彩，远不只彩色花境设计者蓄意模仿的那些。在瑞夫·鲍恩藏品的绘画中有令人震惊的展示：有花坛植物也有荫凉的林中步道，有月季园也有岩石园，有浅灰色的花境也有大量深绿色粗大的植物种植，有花园的整体设计也有精彩的细节。她的很多设计是受建筑师的委托，也有很多是受园主委托。

来自业主的信件显示出了对杰基尔小姐的极大尊重，对她的能力常常表现出近乎于敬畏的感觉。她对这种信任的回报是细心而善解人意地关注他们的愿望。在靠近哈德斯菲尔德的邓恩庭院中，她建议对住宅作小小的调整以便更好地连接建筑和花园，业主塞克丝小姐欣然接受。在答复杰基尔小姐对基址的疑问中，塞克丝小姐解释说花园中由当地的花圃工人种植的一些植物是依照她自己"外行的指示……开始后，我不知所措，就求助于您。"

杰基尔小姐经常遇到乱糟糟、支离破碎、令人毫无兴趣的地块，车道和步道从林地中穿过或是杂乱地分布在树木和灌木的空地，即便如此她也能创造出协调而富于变化的花园。杰基尔首个在美国的设计任务是1914年由格伦迪宁·B·格罗斯贝克夫妇委托的。她为那个花园设想了新住宅的位置，对此格瑞斯·格罗斯贝克在信中写道："格罗斯贝克先生和我最终认为你选定的住宅位置最好……我们想在山脚下安置其他的建筑……但是请您理解我们并不是想要将我们的想法强加于你……当然

年老的格特鲁德·杰基尔走在芒斯特德·伍德的春季花园中。由《花园图解》杂志的编辑考利拍摄。虽然那时她的视力衰弱、体质下降，但是依然没有细节能够逃过杰基尔敏锐的眼睛。

你的想法非常好，我们完全相信你的决定是最好的选择。"然而，杰基尔小姐从没有造访过这块位于俄亥俄州的地形起伏的场地。

许多与图纸一起保留下来的信件证明了杰基尔小姐对花园场地的关爱和个人的想法，对此引以为荣的业主能够感受到杰基尔小姐在设计中致力于思考他们各自花园的独特性、特别需求和所赋予的信任。其他的信件也以溢美之词提及杰基尔小姐的热情好客。

格特鲁德·杰基尔非常尊重建筑专业，因为她能够理解建筑师在自己设计中的追求，她能够与建筑师一起工作而不是为其服务。特别是和埃德温·路特恩斯的合作，由杰基尔规划种植的花园设计是在多次讨论目标、总体策略和场地的可能性之后形成的。他们一起设计的项目有相对素雅的米尔米德（Millmead）和克鲁克斯贝瑞（Crooksbury）的村舍花园，也有如林迪斯芳城堡（Lindisfarne Castle）和宙格城堡（Castle Drogo）一样华丽的场景和花园。在宙格城堡花园的建造中，为了争取说服业主用篱笆取代暗墙，路特恩斯在给业主朱利叶斯·德鲁的信中建议"维奇和迈尔斯先生应该把他们的方案呈送给杰基尔小姐看。她是一位伟大的设计师、艺术家，在植物配置方面经验丰富，喜爱自然荒野的景观。"路特恩斯催促德鲁造访住在芒斯特德的杰基尔小姐以当面征求意见。三天后，他写信给杰基尔小姐作出解释"篱笆能够弯弯曲曲适合种植植物，满足园艺上和构图上的需要"，并向她吐露心声"维奇要做的事情和设想让我的心凉透了。"

杰基尔小姐在花园设计上地位显著的第三个原因体现在她极其关注细节。这一点至关重要，有助于理解她的作品与现代花园设计特别关联的原因。甚至在她所设计的最大的花园中也有小的片段、零碎而不便使用的角落，在大小上与现代住宅的小花园接近。由于杰基尔尽可能多地考虑了这些零散用地的各种显著的设计要素，因而她的方案可以为今天那些小面积的现代花园提供丰富的设计思想。同样，在最长的花境中，种植组合的设计一直考虑到最晚开花的百合（lily），因而可以截取杰基尔设计中的一小段，或许组合中只有三四种表现良好的植物，作为一个小小的种植床或花境的基本部分。当然，这不是说所有杰基尔的花境设计方案都可以切成3m/10ft的小段，乱七八糟地到处张贴；完全复制一张图纸到小场地上与从中提取精彩而完善的装饰方案有着根本的不同。

在格特鲁德·杰基尔看来，园艺从来不是风格和时尚的问题。花园不是一个最终的成果而是一个过程，过程中难免会犯下错误但是经过锲而不舍的调整自然会获得满意的结果。正是这一特质让杰基尔小姐在快速变换的世界中永远有着一席之地。

花园特色

花园风格的多样性

埃尔姆赫斯特，俄亥俄州（Elmhurst, Ohio）

格林威治，康涅狄格州（Greenwich, Connecticut）

老格里比住宅，康涅狄格州（The Old Glebe House, Connecticut）

沃伦·赫斯特，萨里郡（Warren Hurst, Surrey）

怀特住宅，肯特郡（The White House, Kent）

德玛斯特，汉普郡（Durmast, Hampshire）

裴德诺住宅，白金汉郡（Pednor House, Buckinghamshire）

海芒特，萨里郡（Highmount, Surrey）

老牧师住宅，克卢伊德郡（The Old Parsonage, Clwyd）

杰基尔小姐花园规划的一条不成文的规定是每个花园要有特色、个性，或是正如路特恩斯1908年在建筑协会上讨论花园设计时所言（之前的一个周末在芒斯特德·伍德背诵过杰基尔小姐的话），花园要有"一个主干——一个优美表述的中心思想"。花园不只是植物的收集，艺术的创造者首先想到的应该是一件艺术的作品。

那么，花园设计是一种艺术。任何艺术的创造需要在完成各个组成部分的时候牢记总体思想，同时考虑材料和设计概念。就如同雕塑家从一块毫无形体的石材中"释放"出最终的形象，或是如同一名画家在画布上运用连续的笔触将绘画材料赋予思想，所以花园的设计者要用众多不同的场地要素和种植形成统一的规划方案。这类"实用型"的艺术家也要牢记业主的需求。这种设计思想上的统一性和同时性在格特鲁德·杰基尔和埃德温·路特恩斯的作品中非常明显。

很多与杰基尔小姐的书信往来中，路特恩斯用简略的设计草图解释和说明他的想法，那并不是离奇漂亮的外壳，随后会塞入一些必要的居住需求。这些设计从内部和外部同时进行，完美地解决了特定设计任务中社会、结构和审美上的需求。同样，杰基尔小姐的花园不只有细节上的组织，也不只是她塞入了一定数量草本花境的图样模板。她的每个花园规划表现为一个整体，在这其中对整个场地及其潜质进行研究，展示局部的不同特征，各部分又统一在一起形成既协调又富于变化的均衡组合。

杰基尔小姐的花园设计跨度很大，可以通过比较在美国设计的三个

大量精选的植物材料装饰成简单的规则形式是杰基尔小姐的花园设计特征。苏格兰的皮特姆伊斯住宅（House of Pitmuies）花园中的花境延续着这个传统。（上页图）

弗吉尼亚蔷薇（*Rosa virginiana*）

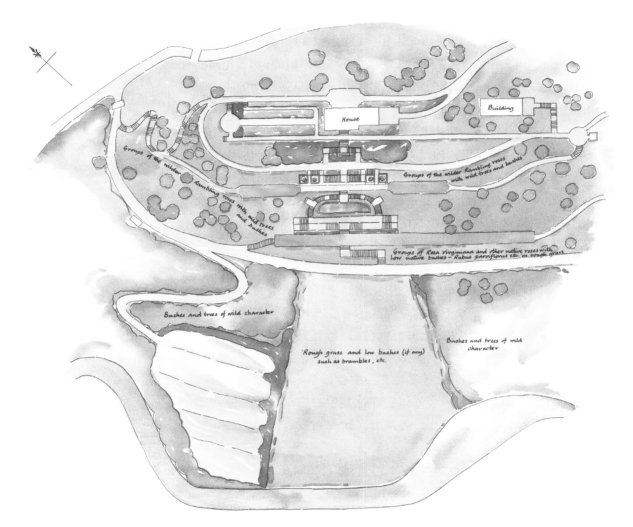

埃尔姆赫斯特，辛辛那提，俄亥俄州（Elmhurst, Cincinnati, Ohio）。

花园简单地予以说明：俄亥俄州的格罗斯贝克花园（Groesbeck garden，1914年）、在康涅狄格州格林威治县为斯坦利·里索夫妇设计的花园（1925年）和由安妮·伯尔·詹宁斯委托在康涅狄格州伍德布里设计的老格里比住宅花园（The Old Glebe House，1926年）。

为格伦迪宁·B·格罗斯贝克夫妇在辛辛那提市佩林顿（在杰基尔的资料库被称为Elmhurst，因为格罗斯贝克从家里写给杰基尔小姐的信中用的是这个称呼）的新住宅所做的规划中，杰基尔小姐建议将新建的房屋安置在一条穿过场地的山谷顶端。接着布置台阶向下进入一段复杂的瀑布似的阶梯，这明显受意大利园林的启发。每段台阶下来都与一条穿过斜坡的台地步道会合——步道开始笔直，接着绕山而过，连接一段长长的不规则的台阶到达另一个高度。一条步道结束在一个圆形的月季园，那里25根花岗石柱上悬挂着藤本月季（rose）。

在瓦姆斯特，萨里，常绿杜鹃花（rhododendron）、落叶杜鹃花（azalea）和春天林地背景中的嫩叶景观。将开花植物组合成长长的不规则条带，蕨类和其他观叶植物嵌入其中产生纵深感。在常绿杜鹃较深色调形成的框架里，夏天落叶杜鹃花的淡绿色叶子与伸展的蕨类叶子相结合，而到了秋季它们变成黄、红和锈褐色的暖色调。

在不同高度之间粗糙不平的草坡上零散地点缀着"成团的弗吉尼亚蔷薇（*Rosa lucida*，现在称之为*Rosa virginiana*）和其他的本地月季搭配着低矮的本地灌木——小花悬钩子（*Rubus nutkanus*，现在称之为*Rubus parviflorus*）等"。这些是杰基尔小姐在英国的野生花园中经常使用的植物，但在这里字面上看起来是本地的意思。在台阶下面，一条宽宽的野草地视景线向下一直延伸到河边，而另一边的种植是"野生特点的灌丛和树林"，共同构成了风景。在西北侧，掩藏着一个很大的台地式菜园。

第二个美国花园的拥有者海伦和斯坦利·里索是经爱德华·哈德森介绍给杰基尔小姐的。他们在1924年参观了芒斯特德·伍德花园，他们在康涅狄格州格林威治县的新住宅"科茨沃尔德"（Cotswold Cottage）有着与芒斯特德住宅相像的陡峭屋顶和巨大的石砌烟囱。杰基尔小姐为里索花园所做的设计与格罗斯贝克花园形成了强烈的对比，几乎没有一条直线。车道沿长满草的山坡蜿蜒前行，绕过欧亚圆柏（savin）的圆形组团到达一个简单的圆形前院。通过很短的路引向了仅仅只用厚厚的绿篱环绕房屋所暗示出的规则式花园。

里索夫妇每个夏天都要旅行，极度赞美夏季里家乡的花园呈现出的繁华。然而，杰基尔小姐却为他们设计出了一个不同的令人喜爱的方案，微微弯曲的道路与陡坡上的台阶结合，蜿蜒穿过一片自然的、本土的植被。欧洲的欧亚圆柏（savin，一种杰基尔非常喜爱的植物）、耐寒的杂交杜鹃花（rhododendron）和蔓生的紫杉（yew）与北美刺柏（juniper）、云杉（sprucy）、冬青叶十大功劳（*Mahonia aquifolium*）搭

科茨沃尔德村舍，格林威治，
康涅狄格州（Cotswold Cottage,
Greenwich, Connecticut）。

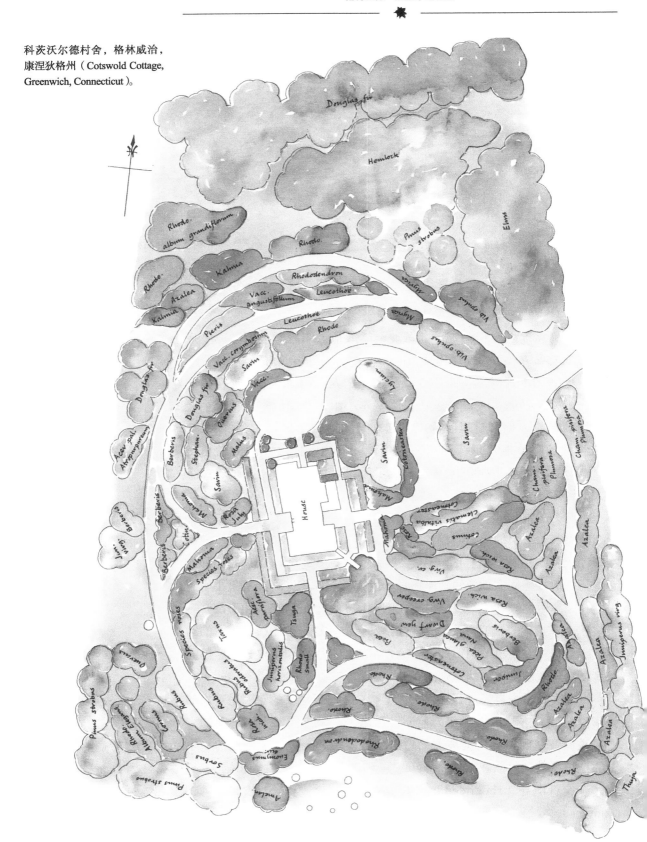

配，以常绿的铁杉（hemlock）和北美黄杉（Douglas fir）为背景。在坚实的各种常绿树形成的框架中有成片的杜鹃花（azalea）、欧洲卫矛（*Euonymus europaeus*）、小檗（*Berberis thunbergii*）、黄栌（*Cotinus coggygria*）、唐棣（amelanchier）、悬钩子（rubus）、野生苹果（crab apple）和美洲的多花梾木（*Cornus florida*）。同时，这些灌木和小乔木可以呈现大量的春花和秋叶景观。

一丛小花七叶树（*Aesculus parviflora*，杰基尔大量在英国使用的另一种原产美国的植物），打破了房屋南部角落里树篱僵硬的拐角。它夏末开花，可以较早地再次装饰里索夫妇的住宅，如同自然地种植在山脚、有着亮绿叶色和自由生长的夏季开花的光叶蔷薇（*Rosa wichuraiana*）一样，保证了花园总是有景可观。

位于伍德伯里的老格里比住宅可以追溯到1695年。在经历长达30年的破损之后，还被保存了下来，并在1925年被恢复。1926年詹宁小姐（Miss Jennings），保护格里比住宅的锡伯瑞协会创立者，在芒斯特德拜访了杰基尔小姐，并请求她在房屋周围设计一个老式的花园。最终的方案简单却不单调，它曾让威廉·莫里斯喜欢。

符合当地传统的篱笆环绕花园周围，一道生长良好的树篱既形成了耐久的围合，同时又为花境提供了背景。新开的道路直通向前门，一棵大悬铃木（plane）提供荫凉，接着小路分行左右，窄窄的花境背靠房屋。屋后是一个规则式的小花园，被重新种上了月季，这里较早的意图是展现历史上的园艺。后部的花园隐藏在单籽山楂（hawthorn）树篱后，被直直的工作通道分为6块，种植蔬菜。就老格里比住宅花园的规

萨默赛特郡的廷廷霍尔住宅（Tintinhull House）中，一条笔直的花境装饰着长方形的草坪。就像在老格里比住宅的简单布局中丰富的植物配置一样。在醉鱼草（buddleja）前的鼠尾草（salvia）、紫松果菊（*Echinacea purpurea*）、福禄考（phlox）、山羊豆（galega）、泽兰（eupatorium）组合在一起产生安静的协调之美。浅色花头的硕大刺芹（*Eryngium giganteum*）、白色的月季（rose）和拱形的观赏草引入了变化，从而避免过于协调而产生单调。

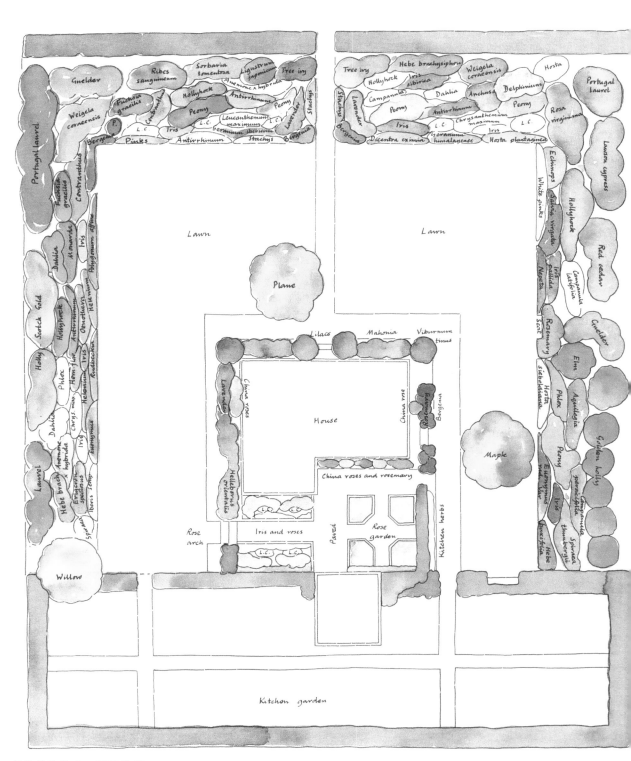

老格里比住宅，伍德伯里，
康涅狄格州（The Old Glebe
House, Woodbury, Connecticut）。

划而言极其简单，但其种植却丰富多彩。

前门两侧是狭窄、背阴的花境，简单而对称地栽植：门边是丁香（lilac），窗下是十大功劳（mahonia）和地中海荚蒾（*Viburnum tinus*）的暗色组团点缀房屋的墙角。在房屋阳光照射最充足的两边种植着中国月季（China rose）和迷迭香（rosemary），连接着四分式的月季花园。从这个小小的园中园开始，道路在种植着鸢尾（iris，为了初夏的景观效果）和更多月季的边缘之间延伸，以石竹（pink）镶边，并且用竖直有甜香气味的白花百合（Madonna lily）点缀其间，最终穿过一道攀缘月季（rose）的拱门来到主草坪。

花境以挡土墙为背景，搭配上有着强烈的对比：薰衣草（lavender）和中国月季（China rose）位于花境较为开敞的部分，东方铁筷子（*Heleborus orientalis, Lent hellebore*）和铃兰（lily of the valley）位于阴影区较长的部分。但是，地中海荚蒾（*Viburnum tinus*）和东方铁筷子有着深色的叶子，能够很好地衬托突出绿色，灰色的叶子能够很好地与包括草地在内的黄绿色调相协调。它们以自己相对深绿而有光泽的叶子将月季（rose）、淡色的薰衣草（lavender）以及草坪微妙地统一在一个画面中。

从房屋望去，穿过偶尔点缀着树木的草坪，看到三面围合着花境。以柳树（willow）开始了鲜亮的色彩组合：暗色的短管长阶花（*Hebe brachysiphon*）、淡色的月桂树（laurel）和金色冬青（holly），搭配暗色的常绿屈曲花（*Iberis sempervirens*）以及花叶的爬行卫矛（*Euonymus fortunei* var. *radicans*）作为花境的镶边。开白花的屈曲花（candytuft）

在杰基尔小姐为老格里比住宅的花境设计中，绿色里的白色花产生闪光和提亮的效果。这组在萨默塞特郡的哈德斯本住宅（Hadspen House）中的种植，色彩设计得到进一步的完善，通过暗色的岩白菜（bergenia）叶子上部的白色大滨菊（Shasta daisy），以及有粗壮弯曲茎干的白色缬草（centranthus）、雾喷状的心叶两节荠（*Crambe cordifolia*）和几缕白色的马鞭草（verbena）实现。淡色的月季（rose）带入第一缕暖色调。

和长阶花（hebe），搭配优美的白色花冠的菱叶绣线菊（*Spiraea × vanhouttei*）、大滨菊（*Leucanthemum maximum*）和大丽花（dahlia），使得花期从春天的开花季节可以一直延续到第一次霜降。

在这个绿色和白色的序列之中，淡紫色的飞蓬（erigeron）和粉红色的银莲花（anemone）的使用蕴藏着另外一个设计思想，它们以小条带形的较暖色彩结合暗红色的蜀葵（hollyhock）和金鱼草（antirrhinum），浓黄色的堆心菊（helenium）、月见草（oenothera）、金光菊（rudbeckia）和鲜红色的美国薄荷（monarda）向花园中阳光最充足的角落逐渐增强。在那里有最为丰富的色彩：倒挂金钟（fuchsia）、缬草（centranthus），暗红棕色的密穗蓼（*Polygonum affine*），芍药（peony）和其他的粉色花，最后，白色花和灰色叶子再次出现：大滨菊（Shasta daisy）、白花百合（Madonna lily）、薰衣草（lavender）和水苏（stachys）。

花境在园门处被打断，色彩的主色调发生了变化，对称配置着鸭脚木（tree ivy）和岩白菜（bergenia）、水苏（stachys）和薰衣草（lavender），暗绿和银色的叶子呼应着房角处的色彩组合——虽是强烈的对比，但是由于植物巧妙地结合在一起而相得益彰。过了园门之后，色彩序列一如之前：在一片白色花中是亮蓝色的牛舌草（anchusa）和花期较晚的翠雀花（delphinium）；接着，一大片弗吉尼亚蔷薇（*Rosa virginiana*）和美国花柏（Lawson cypress）小心地将蓝刺头（echinops）、帚状鼠尾草（*Salvia virgata*）、浅灰色的香根鸢尾（*Iris pallida*）、蓝紫色的薰衣草（lavender）与亮蓝色分开，长条带形的荆芥（nepeta）、圆叶玉簪（*Hosta sieboldiana*）饰边，芳香的迷迭香（rosemary）植丛环绕坐凳。种植最后回归到白色和浅绿色，以花叶的卫矛（euonymus）饰边，纯绿色的黄杨叶拟婆婆纳（*Hebe buxifolia*），以暗绿色的冬青（holly）为背景。

杰基尔使用植物的许多特征在老格里比住宅中表现得很清楚：蜀葵（hollyhock）、金鱼草（antirrhinum）和大丽花（dahlia）、鸢尾（iris）和芍药（peony）的重复使用，形成色彩序列来强调逐渐变化的色彩组织，同时重复使用形体突出的植物来统一整个种植组合；比如，在关键点上使用岩白菜（bergenia）和其他起强调作用的植物等。杰基尔小姐能够在一个非常简单的花园设计中做到情调上的多变，老格里比住宅显现了这一点。

这三个美国花园清楚地显示了杰基尔小姐花园设计方案的多样化。在她不计其数、丰富多变的英国花园设计中不可能甄别出"典型"的花园设计方案，但是位于萨里郡的沃伦·赫斯特花园（Warren Hurst），或

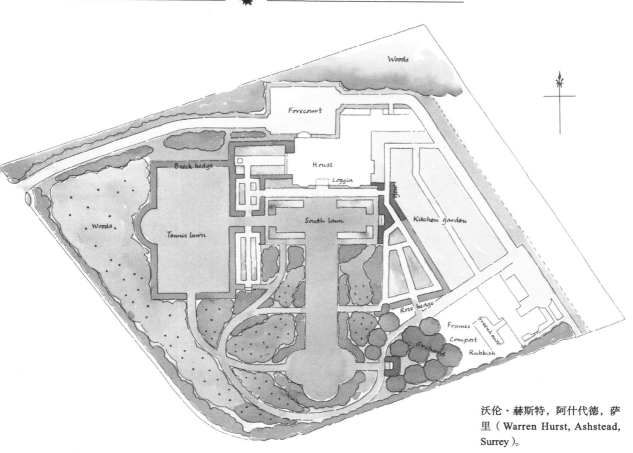

沃伦·赫斯特，阿什代德，萨里（Warren Hurst, Ashstead, Surrey）。

许最为简单地包含了一个杰基尔式花园的组成要素。车行道从不规则地块的一个角落处隐蔽地进入，成片的常绿树紧紧地镶嵌于两侧，只是在入口处可以瞥见林地花园。两个布局上的微小变化将车道的中间部分与入行车道和前院分开，在心理上形成花园与外部世界之间的隔离。过了第二个弯之后，沿路的景色在前院停止，但车道继续延伸进入服务功能区，菜园和果园、园工的小屋和马厩。

在房屋的南边有一个凹入的凉廊连接着房屋和花园，一道宽宽的草地将远景延伸到一个由3个半圆形常绿树凹陷形成的围合中。就在房屋的前面，这条主景线会合一条宽宽的交叉轴线：一个规则的草坪，四周以山毛榉（beech）篱围合，轴线延伸进入最大的花园空间——草地球场。这两条贯穿花园深度和宽度的主要轴线与穿过林地的弯曲步道连接，形成一个完全不同的路线和种植上的自由感，房屋周围的较小空间和规则式的主草坪之间塞满了一串串小的围合花园。

结果形成了由主景线引入和以小路为导向的迷宫般的极度复杂的花园，还有从严格几何形到不规则式林地的大幅度的变化。虽然是借助于规则式和不规则式之间交替变化和转换的方式，但依然维持着强烈的统一感。

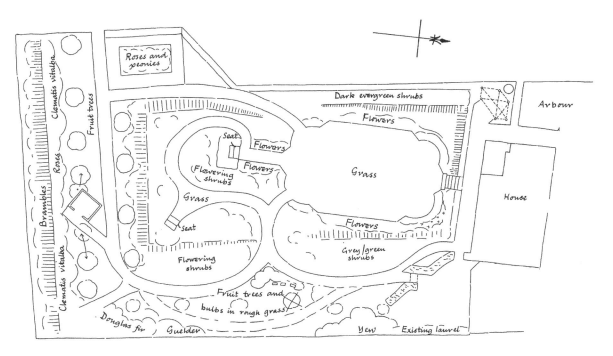

怀特住宅，鲁特姆，肯特郡
（White House, Wrotham, Kent）。
总体平面。

在更小尺度下相似的多样化设计手法能够在肯特郡的怀特住宅花园（White House）设计图中看出。花园起始的地方非常空旷，是一个嵌入斜坡的草地球场（从杰基尔小姐的图中可以辨别出阴影线表示出的斜坡），稍稍转向房屋并起统摄作用。数排果树成为庭院的背景，只是稍微遮掩了花园的边界却丝毫没有减弱它的棱角。

杰基尔小姐在以前的草坪球场里刻画出一块草地，把边坡僵硬的线条掩盖在浓密的灌丛下，以此缩减花园的尺度。弯曲的道路穿过这些灌丛，更为精细的装饰性种植镶嵌在灌丛的内外两侧，形成与道路的明显边界。

在荫凉、朝东的一侧，灌丛主要是暗绿色和光绿色：月桂树（bay）和总序桂（phillyrea）、地中海荚蒾（laurustinus），枸子（cotoneaster）和杰基尔小姐非常喜爱的黑海瑞香（*Daphne pontica*），结合冬青栎（holm oak）和暗色而光亮的落叶的弗吉尼亚蔷薇（*Rosa virginiana*）。在南向靠近房屋的凹地里，这些暗淡而温和的绿色并入到中国月季（China rose）中，以浅淡、灰色叶的薰衣草（lavender）镶边。薰衣草和月季（rose）也填满了台阶另一边的角落，但是在花园较为向阳的一面（在设计详图中显示），薰衣草所确定的灰色调主题被欧亚圆柏（savin）、沙棘（hippophae）、榄叶菊（olearia）、丁香（lilac）和李叶绣线菊（*Spiraea prunifolia*）所延续。精细肌理的黄杨（box）有着暗色而光亮表面的叶子，非常适合续接色彩和控制总体上的柔和色调。

在草坪的远端，超出了设计详图的边界部分，深色和浅色的种植会合在普通花灌木中等绿色的叶丛中——连翘（forsythia）和锦带花（weigela）、小檗（berberis）和悬钩子（rubus）、茶藨子（ribes）和绣线菊（spiraea）。重要的地方留给了协调灰绿和黄绿叶色的最好灌木之一——黄栌（*Cotinus coggygria*），也留给了为黄栌如火般的秋色叶提供常绿背景的北美乔柏（*Thuja plicata*）。

越过花园，窄窄的果树边带略微有些变化：去掉1棵树并移栽2棵树为小凉亭腾出空间，也打破了树列的严格节奏。种有球根花卉的草地上修割出一条弯曲的临时道路来完善设计图中永久道路的弧线，花园的生硬边界被不规则种植的紫杉（yew）、单籽山楂（hawthorn）和欧洲荚蒾（guelder rose）所掩盖。靠近花园的角落，北美黄杉（Douglas fir）遮掩和半藏着一个花园座椅。

沿着花园的南部边界延续着自然式种植的感觉，在边界和灌丛边坡之间的狭窄空地上敞开，作为贴近冷杉（fir）角落附近的道路：拱堆形的野生铁线莲（clematis）、蔓生月季（rose）和悬钩子（bramble）沿着陡坡垂落，既限定了边界又不阻挡视野。不规则的果树林荫道中，较低处的道路直直的而不张扬，通向一个小的长方形月季和芍药花园（杰基

怀特住宅（White House），西向灌木花境的细节种植平面图。

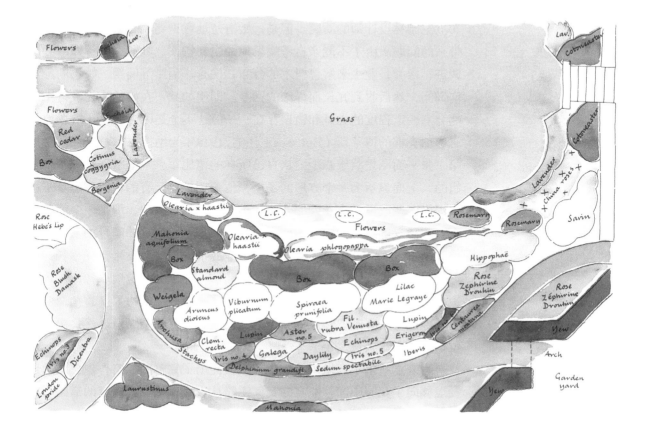

黄栌（*Cotinus coggygria*），一种多用途的花园灌木，经常被杰基尔小姐使用。淡绿色叶的品种在黄绿色和灰绿色叶子之间过渡得很理想，这里看到的紫色品种呈现了丝绒般的华美。在秋天它们呈现绚丽的色彩，令人喜爱的羽毛状的圆锥花序为其赢得了烟木的俗称。

尔小姐喜爱的一种植物组合）。一条微微弯曲的道路沿坡而上，穿过暗绿色的灌木林，最后回到主草坪上。

在很多例子中，杰基尔小姐从来没有亲自看过自己细心设计的花园，比如她设计的美国花园，甚至是在英国的肯特郡和伯克郡的花园，这可能是由于年纪大了自己力不从心或是不愿旅途颠簸。这看起来好像打破了她"全面考察场地的本质特征"这一重要原则——因而受到很多20世纪园林设计师的质疑。但是，她清楚地意识到没有直接踏察场地所带来的问题。由于不能亲自考察场地的主要特征，她通过问答做细心的调查，常常是业主来解释树木的分布、视野、阴影等问题。她不断地写信询问，然后收到冗长而详细的回复。即使如此，在她的委托设计中必然会有一定程度的尝试和错误存在——但这不全是因为她不了解场地。

伯克郡的博莱斯（Borlases）住宅，1918年为纳撒尼尔·戴维森设计。第一张平面图是戴维森上尉从自己所在的德比军事基地邮寄给杰基尔小姐的，上面显示为一个方形的场地，他希望扩建已有的花园。杰基尔小姐提出一些改进已有花园的建议和扩建部分的平面图，那是一个简单而有点儿独立的灌木花园，道路从靠墙的八角形紫杉篱的围合中向四周伸出。由于"医务部门的工作安排和其他战争的事情"发生，在很长一段时间之后，戴维森上尉才满怀感激地回信，并十分歉意地告知由于场地边界的原因场地平面并不是那样，不是他想象的那样边界呈直角，实际上场地远不是方形。然后提供了准确的平面，那幅图画就显然是出自一位娴熟的测量人员之手。

后来杰基尔小姐做了第二个方案，提出了完整的粗略构想，八边形场地移向了花园中间，宽宽的交叉道路从它四边伸出。较窄的道路与对称、整齐的部分形成一些对比，将新花园与已有的不规则池塘相联系。

在道路之间的所有部分栽满了常绿的和开白花的灌木，与蕨（fern）、竹子（bamboo）、白色的柳叶菜（willowherb）和其他清新优美的植物混植在一起。

杰基尔小姐能够远在异地他乡进行设计，当然主要得益于那些业主持久的兴趣、博学的园丁们的努力和有经验的苗圃人员提供的材料保障，以此来实现她的设计。另外，那个时代认可密集型的园艺活动，周全的栽培技术保障了她的种植方案在无论何种当地土壤类型上都能实现。比如，在格里德斯通的一个设计中，园丁告诫杰基尔小姐虽然大多数花境被深挖施肥到1.2m深，但由于花园布局的最后变化导致其中一个花境的种植区只能翻深到45cm。

在埃德温·路特恩斯从杰基尔小姐那里学到很多住宅和花园的建造知识的同时，杰基尔小姐也从路特恩斯那儿获得了建筑设计上的技巧。她在博莱斯住宅的灌木花园中采用粗放的几何处理手法，如同路特恩斯在赫斯特考姆住宅花园里大平地部分的做法一样，如图中所示。4块草地从中心伸出，借助杰基尔小姐的丰富种植形成对角的视景线。

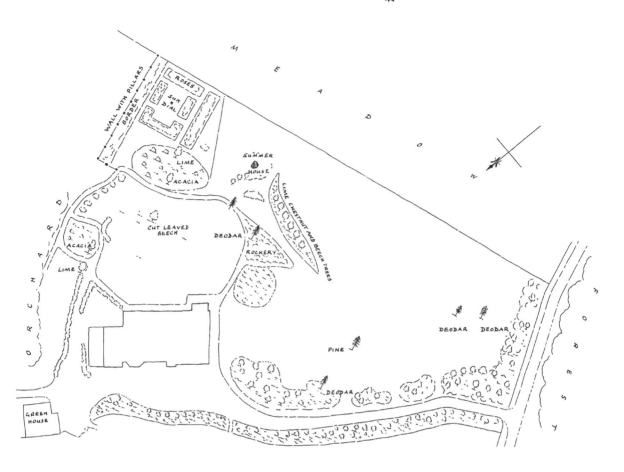

德玛斯特花园（Durmast）的原初平面图，位于汉普郡的伯莱。

为新福瑞斯特的德玛斯特（Durmast）花园所做的平面图很好地说明了杰基尔小姐远在他乡可以成功完成一个细节设计。花园现状的调查表明那是一个典型的令人沮丧的设计条件：一些引人注目的树木散布在草地上，乱糟糟的草坪周边或许是一些欧石南（heath），一边有一个小的岩石花园，另一边有一个简陋的均衡对称的月季园（离开房屋一点距离，与房屋呈奇怪的角度）。

设计方案很巧妙。在月季园后面，充分利用角度尴尬而又不能转变方向的墙体，杰基尔小姐从房屋垂直延伸一条新的轴线进入花园，在轴线的另一边重复与墙体所成的奇怪角度。结果形成了一个大很多的风筝形状的月季花园，一侧的长边是已有的墙体，另一边是一个新设计的灌木花境包裹着凉亭。在月季园和房屋之间的场地设计了平行于房屋的新步道和花境，延展了月季园的模式。当合并形成一个统一规划时，新的花境被小心地落位和调整比例，与大树结合或是避开，一条微微弯曲的步道连接着月季花园和不那么规则的花园部分。常绿灌木的种植明确了原来只是随随便便地弯曲穿行于树木中的车行道，这一做法关键是为了

36

形成优美而不拘谨的前院，也将车行道与花园完全分开。最后，图上空白处的注解建议"保持较低的树篱或许可以看到园外丛林的景致"。

显然业主没有意识到这种景色的优美：在一张修改图中，视野开放的边界被一道抬起的堤坝和墙所替代，混种着乡土的和花园栽培植物。房屋西南端下沉花园的四分式规划被调整，把4个花坛中的2个合并成一个较大的花境。

最终是概念上原创的一个花园设计，各部分存在变化但却统一在一起，充分地利用了场地，没有遗漏的部分。这不是指花园被严格地受制于一个主观的模式。很简单，只是格外注重细节，将已有的植物结合到新的设计中，并确保每一个小部分被完全组织到总体规划中，没有大动干戈地做成一个花园，也没有向世界大张旗鼓地宣称"我进行了设计"。

杰基尔的设计不仅有花园整体的规划布局，如德玛斯特花园，也有非常精彩的细节设计，比如在白金汉郡的裴德诺住宅（Pednor

杰基尔小姐设计的德玛斯特花园（Durmast）平面图。

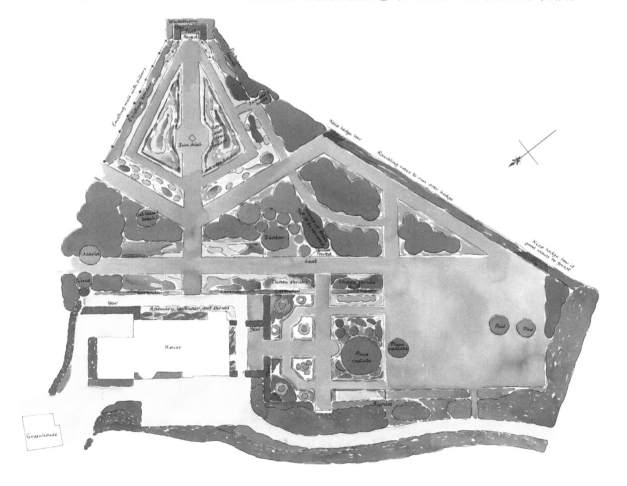

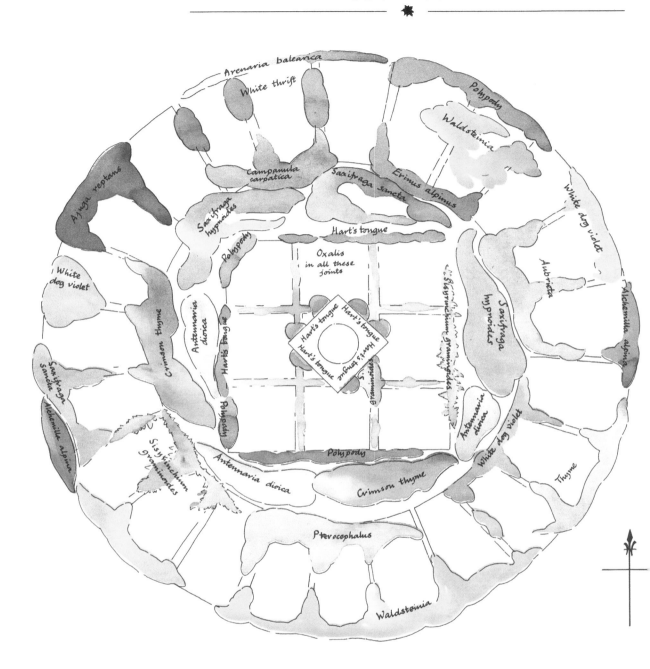

裴德诺住宅（Pednor House）中日晷周围的种植设计，位于白金汉郡。

House）中的一个设计。那是应非常知名的福布斯和武特建筑事务所的请求在日晷周边所做的一个种植设计，几丛荷叶蕨（hart's tongue）和欧亚水龙骨（polypody）从日晷的根部和基座处伸出，两者衔接的缝隙处镶嵌着柔弱的酢浆草（oxalis）。围绕这个中心的基座是呈组团、条带形和散块形的垫状百里香（thyme）和蝶须（antennaria），虎耳草（saxifrage）株丛，海石竹（thrift）和普通堇菜（dog violet），尖刺状的庭菖蒲（sisyrinchium），林石草（waldsteinia）和筋骨草

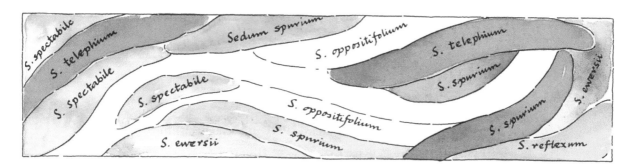

（ajuga）。它们都被精心地以重复和不规则的组团布置，可以周年展现低矮的花和叶的镶嵌图案。

海芒特花园（Highmount）中工具屋的屋顶设计，吉尔福德，萨里郡。

海芒特（Highmount）花园是吉尔福德附近的一个郊区花园，有近30张图纸。其中一张是花园工具屋的屋顶设计。在《花园的色彩设计》一书中，杰基尔小姐宣称"我坚持认为花园中不悦目的东西不应该被看见"。当在芒斯特德·伍德花园中必须建造一个镀锌薄钢板屋顶小屋存放木桩和枯枝时，她用10cm的泥炭土覆盖镀锌薄钢板，种上景天（sedum）和其他能在干热场地上生长茂盛的植物。她在芒斯特德花园中取得的成功经验很显然启发了海芒特花园的设计，以深红色和粉红色大花费菜（*Sedum spurium*）的优美条带搭配着白色的对叶景天（*Sedum oppositifolium*，等同*Chiastophyllum oppositifolium*），散布在较高的晚花的具有暗粉色扁平花头的蒂立景天（*Sedum telephium*）圆球形团块中。收尾的饰边，一个角落里是亮黄色的反曲景天（*Sedum reflexum*），在另一边是数片浅淡紫罗兰色的圆叶八宝（*Sedum ewersii*）来完成整个规划。

日晷周边的种植和这个小小的屋顶绿化的展现可能是我们今天的追求，不需过多地考虑和管护，甚至可以用在最为荒凉的有着碎裂混凝土和难看屋顶的后院。

最后，在北威尔士克卢伊德郡格雷斯福德地区的老牧师住宅（Old Parsonage）中，一段小小的绿篱看起来抓住了杰基尔小姐在较大的设计图中不曾展现的基本设计特征。谨慎地把直线控制在优美的曲线中，让人非常吃惊，在普通的乡村花园修剪中展现了美丽而富于情趣的本地特色——这相比格罗斯贝克花园中的台地式修剪技艺相去甚远。

老牧师（Old Parsonage）住宅中一段修剪的篱，格雷斯福德，克卢伊德郡，北威尔士。

植物组合

结合色彩、形状、质地

珀乐兹园，白金汉郡（Pollards Park, Buckinghamshire）
格雷斯伍德山，萨里郡（Grayswood Hill, Surrey）
纽科珀尔住宅，萨里郡（Newchapel House, Surrey）
菲尔德住宅，伍斯特郡（Field House, Worcestershire）
庄园住宅，厄普顿·格雷，汉普郡（The Manor House, Upton Grey, Hampshire）

杰基尔是一位多才多艺的花园设计师：前面章节中介绍的案例充分显现了她在花园设计方面的才能，她的设计方案简单却富有令人惊讶的创造性。不过，她的种植设计更使她的花园与众不同。当路特恩斯和其他建筑师依靠复杂的石造建筑和大量几何造型来吸引客户并满足他们自己的创作欲望时，杰基尔小姐的设计方案却显得更为简洁。她所设计的台阶、墙、凉亭、池塘和其他建筑部分的尺度都很恰当而且非常实用，但她更喜欢将建筑的细节交给建筑师去处理，而更多地依靠植物来表达自己的思想。因此，在她精彩的植物组合与路特恩斯的建筑工艺相融合的地方，都产生了惊人的优美景色。

对于杰基尔小姐来说，植物选择尤其是将植物组团配置在一起有着特别的吸引力。她在她的第一本著作《林地与花园》中这样写道："慢慢地，产生了明智的组合植物的能力，我们感触最深的就是创造的强大动力。"我们在欣赏两种乐器和谐弹奏时，或者两种植物搭配在一起时，会得到深刻的启示：一加一远大于二。

杰基尔的植物组合案例在她的每个设计中都得以体现，但在分析个案之前，更重要的是进行总体概括以发现植物组合的规律。

两千多年前，东方哲学家就认识到整体产生于两极交汇：白昼与黑夜、水与石、男性与女性。其统一性用阴、阳符号表示，以互相环抱的流动的黑白图案共同形成一个圆（即八卦图）。杰基尔的花园和种植方案也具有这样几组对立的两极：节制与纵恣，协调与对比。

节制与纵恣的组合并不像我们想象中那么荒谬。如果了解杰基尔的个性，会发现她非常和蔼可亲，她很容易包容园林初学者的无知，与孩子们心心相印。同样，我们不难感知到隐匿于足够宽容之下令人敬畏的人格力量，不容欺骗，明辨是非。就像路特恩斯给妻子的信中所写的那样，"胖姨的随性而为是一种可怕的景象"，杰基尔的宽容不是伪善的，也不是偶然的放任，更不是放松了铁的纪律。这是宽容大方的人真切流露出的自信与自己明辨是非的精神，也表达了对仁慈的上帝造就自己的感激之情。

同样，杰基尔的种植设计并不是过分地将不定形的植物强加于建筑骨架之中以掩饰建筑粗糙的硬角。而是用植物丰满的基本骨架，营造一系列迷人的花园景观以装饰中心骨架，并且依靠植物形成相互的支撑和统一。

协调和对比也是相互独立而又不能分割的两个部分，因为没有协调则无所谓对比；没有对比也无所谓协调。和谐的色彩设计，实际是园艺上的"相对论"，或许这就是杰基尔对于花园设计所作出的最大的技术

位于汉普郡，阿尔瑞斯福特的布莱姆迪住宅花园中，灰色的蓟（thistle）和球状的洋蓟（artichoke）与亮蓝色的翠雀花（delphinium）、浅蓝色的聚合草（symphytum）、鼠尾草（salvia）搭配，形成朦胧的色彩。心叶两节荠（Crambe cordifolia）以它褶皱的深绿色叶子和泛着蜜香的白色花朵给整个种植带来了生气。（上页图）

性贡献。这是她在肯星顿艺术学校学习的直接成果。在这里，她认识到人类对于色彩的感知很大程度上因为大脑的需要而"看见"，通过眼睛认识一个"标准的"世界，这个世界里所有的反射表面都为白色。例如，如果一个人被关在均匀的、亮橙色的房间里，大脑将逐渐适应眼睛所接收的信息，并且会抑制橙色直到确信世界是标准的——也就是白色。当人离开房间时，事实就被揭露了，则会发现外面的世界是白色减去了橙色——也就是亮蓝色。

在杰基尔小姐的著作中，叙述了许多被色彩欺骗的案例。我们从牛

哈德斯本（Hadspen）花园的简单种植中，每种小的花卉都为整体效果服务。在这儿，刚露出的春黄菊（*Anthemis tinctoria*）花蕾为芳香的黄色月季（rose）和乳白色的羽扇豆（lupin）的纤细花序提供了基部的支撑。百合（lily）和黄绿色的羽衣草（alchemilla）在前缘中非常突出，与蓝色的老鹳草（geranium）形成对比。

莠（burdock）叶中撕开孔洞去看远处的绿色景观，大脑会认为是绿色的；或者我们凝视橙色的孔雀草（French marigold），几分钟以后，再看它们的叶子，则呈现出亮蓝色。最有趣的例子是杰基尔在画室里从半睡状态下醒来时看到了一匹身体侧面有亮橙色斑点的蓝色马。这个特异现象的产生是由于午后阳光通过墙上的洞透射到了她用于作画的白马雕像身上。有一束温暖的阳光投射在马的罩衣上，其他部分被北边大窗户进来的蓝冷色光照亮。眼睛饱和一种色彩后会看到明度更高的补色，这是杰基尔小姐处理色彩对比的理论基础。

当然，色彩不是全部。杰基尔在《花园的色彩设计》一书的结尾作了解释："如果我在前面的章节中过度地强调了色彩问题，这并不意味着我在贬低形式和比例的重要性，但是我认为色彩问题要么通常被忽视了，要么很少进行阐释，而它却需要更加精细地运用。"在实践中，杰基尔对于形式和质地的运用至少与色彩设计一样重要，都需要达到协调和对比之间的平衡。

在现代造园中过分强调对比的应用。在小花园中，蓝灰色的针叶树从金色的石南（heather）中突显出来，然而在较大的花园中，则混植紫色的黄栌（cotinus）、小檗（berberis）以及黄色的洋槐（robinia）、金色

杰基尔提出的飘带形种植，即使背景处的早花植物和晚花植物枯萎，任何时候开花的植物都能形成色彩组合。在威尔士的庞维斯城堡中，这种飘带形种植营造了强烈的节奏与协调感。

的接骨木（elder）和'匹格森黄金'忍冬（*Lonicera* 'Baggesen's Gold'）。杰基尔认识到需要普遍的协调感，在此基础上仔细规划的形式、质地和色彩能够引起兴奋，而不是感官上的刺激。

当然，在某种程度上说，在杰基尔花园的尺度下达到协调和对比间的平衡会更容易。她将花园设置成若干个独立的部分，在进入灰色和淡紫色花园之前会留出足够的时间让眼睛浸染炽热的橙色，通过对比产生明亮、灿烂的景观。花园从灰色和粉色到大量优美的深绿色，再到亮色。但是她的设计中也有很多关于小尺度对比的案例：深色背景前的亮色花境，灰色花园边的亮橙色花境，或者在台阶的一边是深绿色的组合，而另一边是灰色、粉色和淡紫色的组合——这些都是适用于小花园的设计思想。

更为重要的是，即使最大的规划方案她也非常注重细节。除了花园各部分的对比之外，在每部分内部的对比则较少：唐菖蒲（gladiolus）的穗状花序加强了丝石竹（gypsophila）的柔和感；花境中水晶般的白色百合将其他暗红色的花卉衬托得更加饱满而并不黯淡。粗壮的岩白菜（bergenia）组团在一个精细质地的花境中形成骨架以避免景观平淡而虚浮。每个大型设计中都包含着数十个潜在的小设计，可以激发甚至是拥有最小花园的业主产生灵感。

杰基尔的植物组合中有一个重要的统一元素就是她将植物种植在长的、窄的、流动的组团中——"飘带形"是她用来形容这种种植形式的词汇。这些飘带在她的花境中显而易见，但是这些飘带也被运用于由冬青（holly）、橡树（oak）、单籽山楂（thorn）和其他乡土植物组成的林地种植中，而且还运用于野生花园的植物组团和开敞空间中。在她的花境中，飘带的应用有着实际的目的，那就是当某种植物正值花期时会大量展现，而当其衰败以后，它的细飘带就会被其他占主导的植物所掩饰。然而，还有一个作用就是这种重复的飘带使得整个种植更为统一，就像是画家的画笔笔触一样。

可是，飘带形的植物团块不是必然的。在飘带形团块中间会布置有强调作用的点状种植——或许是白花百合（*Lilium candidum*），或者是灌木花境中白色的金雀花（broom）。有时，流动的飘带形团块会戏剧性地让位给这些短小的植物团块，尤其在位于坎布里亚郡的卜来肯布鲁夫花园（Brackenbrough）的长花境中，两端种植的是色彩柔和的圆球形的宿根花卉，与丝兰（yucca）、美人蕉（canna）、大丽花（dahlia）以及高的蜀葵（hollyhock）的短小团块碰撞在一起，就像波浪拍打在暗礁之上一样。流动的飘带也常常围绕在静止的、稳定形状的丝兰

（yucca）、大戟（euphorbia）或其他体态优美的植物旁边，比如芒斯特德·伍德花园的主花境设计，以及位于萨里的琴赫斯特（Chinthurst）花园漂亮的灰色园设计。

节制与纵恣、协调和对比之间的平衡是杰基尔种植设计的特点，并在白金汉郡的珀乐兹园（Pollards park）设计中得到了精彩的阐释，由柔和色彩组成的种植设计显得宁静，让人产生冥想。

节制原则在几何形的花园中显而易见，一个直径约为25m的圆形空间，前缘由两个长约30m的对应式花境围合而成。充分纵恣的感觉源自在花境边缘几乎等量地重复种植了水苏（stachys）、银叶菊（*Senecio bicolor* spp. *cineraria*，同*Senecio cineraria*）和神圣亚麻（santolina）团块，直达道路；并且还源自以'杰克曼尼'铁线莲（*Clematis* × *jackmanii*）和粉色、白色的宽叶山黧豆（everlasting pea）为背景而种植的糙苏（phlomis）、丝石竹（gypsophila）和薰衣草（lavender）团块。

花境完全依靠花和叶的柔和色彩来表现协调——粉色、白色、淡紫色、紫色和灰色。设计说明中指导园丁应该去除神圣亚麻（santolina）和银叶菊（senecio）的黄色花。这儿不需要强烈的对比。然而，竖向突出的蜀葵（hollyhock）和银叶的滨麦（elymus）赋予花境生气，在圆形灰色花园中的对应式花境末端种植了两个橙色的火炬花（kniphofia）大组团，特意布置在两个部分的交汇处。

滨麦（elymus）的叶子作为竖直向上的强调非常重要，它被种植在花境四个角落中的三个地方以呈现灰色调，而圆球形的薰衣草（lavender）团块填充了中间区域。糙苏（phlomis）（具有优雅的黄色花

在汉普郡的墨提斯方特修道院花园的种植中，尖塔状的白花百合（*Lilium candidum*）自然地穿插种植在浅粉色'卡隆温特'柳穿鱼（*Linaria* 'Canon Went'）、深色的宿根桂竹香（wallflower）和月季的长飘带形团块中。百合重复着桂竹香和柳穿鱼的竖向线条，它粗壮的茎和白色花朵格外突出。

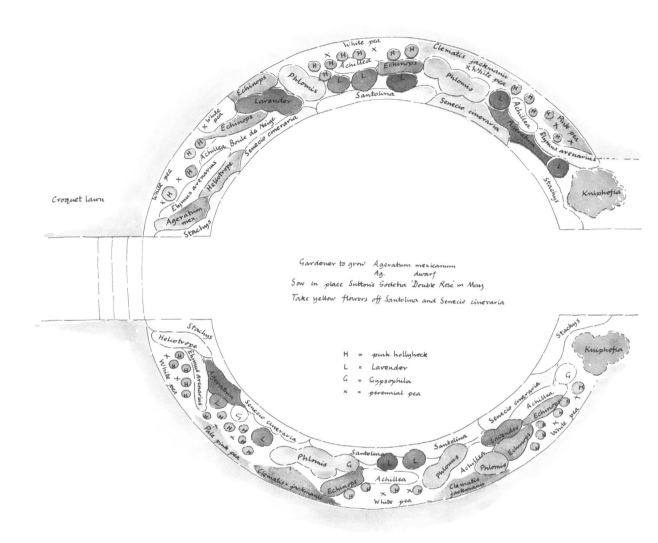

Croquet lawn

Gardener to grow Ageratum mexicanum
Ag. dwarf
Sow in place Sutton's Godetia 'Double Rose' in May
Take yellow flowers off Santolina and Senecio cineraria

H = pink hollyhock
L = Lavender
G = Gypsophila
× = perennial pea

珀乐兹园中的圆形花园（Pollards Park, Buckinghamshire）。

和大型叶）和朦胧的丝石竹（gypsophila）在十分柔和的主题下增加了变化。

在浅灰色的骨架中如此配置花卉：紫穗的薰衣草（lavender）、柔和的暗黄色糙苏（phlomis），还有粉色的蜀葵（hollyhock）环绕花园，深绿而发灰的叶子上方开着蓝色花朵的蓝刺头（echinop），以及优美开展的深色叶上开着密集白色花朵的'布勒内日'蓍草（Achillea 'Boule de Neige'）。蓍草通常被种植在蓝刺头的旁边和前面，为的是让它的深色叶借助蓝刺头的白色叶背而被吸纳融入整个设计。在蜀葵（hollyhock）的后面和中间种植宽叶山黧豆（everlasting pea），主要是白色，也有两组是浅粉色以显示略微的变化，接下来是紫色的'杰克曼尼'铁线莲（Clematis × jackmanii）（母本，窄花瓣形式，杰基尔小姐认为 'Superba'

的色彩太红了）。灰紫色藿香蓟（ageratum）的飘带形团块，其色彩和质地都很柔和，与富有香味的天芥菜（heliotrope）一起完善了整个方案，但还要指导园丁在春末时播种高代花（godetia）以填充花境的所有空隙，使整个设计形成连续的大片柔和色彩。在花园入口的主花境中种植着两丛具有深色叶和火焰般橙色花的火炬花（kniphofia）的团块，形成了一个固定的框架，试图调整眼睛以便在常态下欣赏到色彩的柔和感。（杰基尔灰色花园中的植物经费为6英镑11便士！）

这个开放的、色彩朦胧的圆形花园所显现的平静是非常迷人的——在附近棒球场上的激烈角逐之后更需要享受这块灰色和粉色的平静绿洲。

位于萨里的格雷斯伍德山（Grayswood Hill）下的花园，灰色也是主要色彩，但是格雷斯伍德花园的特征与珀乐兹园优雅而宁静的特征完全不同。

杰基尔在《花园的色彩设计》一书中和其他地方都提到了自己的遗憾，那就是她自己的6hm²花园太小了，不能实现她所有想要尝试的花园构想。"其中一个没能实现的愿望就是没有一个阳面的近乎峭壁的石质山坡……我会在岩石表面种植很多指向天空的竖线条的丝兰（yucca）组团和其他植物，以及几丛大型的吴氏大戟（*Euphorbia characias* ssp. *wulfenii*）和一些其他植物，形成大片的灰色效果"。位于格雷斯伍德山下的花园实现了她的部分想法。

迷迭香（rosemary）、糙苏（phlomis）和神圣亚麻（santolina）的流线形团块与丝兰（凤尾兰，*Yucca gloriosa*；弯叶丝兰，*Y. recurvifolia*；和体形较小的丝兰，*Y. filamentosa*）和吴氏大戟（*Euphorbia characias* ssp. *wulfenii*）以及竖线条的新西兰麻（*Phormium tenax*）交织种植在一起，所有的植物都有着粗大的外形轮廓以及柔和的灰色，而大戟亮黄色的花重复了旁边糙苏（phlomis）的色彩。当这些粗大的植物在团块中三五成丛种植时，会显得更为挺立突出，下面较小的植物被布置成与道路平行的长条形飘带，强调了设计。浅色的半日花（helianthemum）、灰色厚敦菊（othonna）、细质的拟紫草（buglossoides）和毛茸茸的、白色的神圣亚麻（santolina）等植物团块种植在粗大的植物周围或下面，与一边较高的迷迭香（rosemary）以及另一边的'日耀'达尼丁常春菊（*Brachyglottis* 'Sunshine'）渐渐地融合，再逐渐过渡到较高的灌木和乔木背景中。

这些较高的植物包括月桂叶岩蔷薇（*Cistus laurifolius*）和深色的艳斑岩蔷薇（*Cistus × cyprius*），搭配着芳香的地中海种类——糙苏（phlomis）、迷迭香（rosemary）和神圣亚麻（santolina）。地中海荚

'象牙'软叶丝兰（*Yucca flaccida* 'Ivory'）。对杰基尔小姐来说，这种丝兰漂亮的灰色丛生剑形叶和耸立的乳白色花柱表现了它可以种植在石质的山坡上的潜质。

荚蒾（laurustinus）、'卢斯达姆'地中海荚蒾（*Viburnum tinus* 'Lucidum'）的光滑叶片与岩蔷薇（cistus）的光滑叶片相融合，而且弗吉尼亚蔷薇（*Rosa virginiana*）的叶片也非常光滑，但在落叶前有着灿烂的色彩。在这些圆形植物之间，一株瘦高的柏树（cypress）增加了竖向上的节奏感，与同样具有深色但粗大锯齿状光滑叶片的老鼠簕（acanthus）一起突出了地中海式的情调。

在堤坡下的主路上，种植从深色的老鼠簕（acanthus）和月桂叶岩蔷薇（*Cistus laurifolius*）转换到更为柔和的绿色的迷迭香（rosemary）以及灰色的丝兰（yucca）、大戟（euphorbia）、厚敦菊（othonna）和'银粉'岩蔷薇（*Cistus* 'Silver Pink'）。最初的想法是在拟紫草（buglossoides）中镶嵌种植缘毛岩白菜（*Bergenia ciliata*）以延续柔和的色彩，但是杰基尔改变了想法，种植了大型叶的心叶岩白菜（*Bergenia cordifolia*），增加了体量，与中间部分形成强烈对比，并种植神圣亚麻（santolina）、银叶菊（senecio）、糙苏（phlomis）以及细嫩枝条的苏格兰石南（Scotch briar）使得色彩逐渐变淡。与沿着主路边精心调整过的种植相比，越橘树（whortleberry）和苏格兰石南柔和地挤在一起生长，使得三角形地块的另两边呈现出灰绿色的简单景观。

为了使画面完整，需要解释另外两种植物。在堤顶的北部高点种植了一个长条形的棣棠（kerria）组团，它亮绿色的叶子和茎干以及蛋黄色的绒球状花朵对这个地中海式风格的山体而言是个奇怪的选择。可是，它所处的位置只能从堤岸的顶部才能看到，那里直直的道路和远处开敞的草坪营造出完全不同于低处花园的景观特征。在这种环境下，以暗绿的地中海荚蒾（*Viburnum tinus*）为背景，种植棣棠营造出临时的色彩则是一个不错的选择，从上面往下看，就像是横穿草坪的大型灌木花境景观。在棣棠的旁边孤植着唐棣（amelanchier），它在杰基尔种植设计前就存在，它被保留下来非常合适。短暂的花期时，它在深色的常绿植物中能够从上面提供一点儿柔和的白色；其下部优美的灰绿色叶团在新西兰麻（phormium）和丝兰（yucca）的后面以及前伸的硬叶之间产生纵深感。秋天，无论从上面还是下面观赏，它漂亮的叶色都呈现出生动的效果。

尽管格雷斯伍德山花园是诠释花境如画般种植的不错案例，但是挑选一个较大尺度如画般效果的花园案例很难。在利夫·珀恩特（Reef Point）方案中，精心设计的弯曲道路两边常常散植着冬青（holly）、桦树（birch）、橡树（oak）、单籽山楂（thorn）。斯代尔曼（Stilemans）花园值得一提的是多条如宏大的刺绣图案般的弯曲道路，德雷顿林地

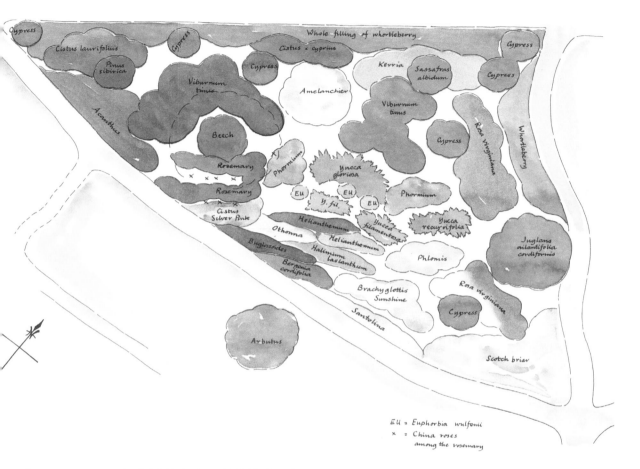

（Drayton Wood）花园引人注目的是将乡土树木和藤本月季交织种植得像色彩斑斓的丝绸一样。在浩林顿（Hollington）花园，树木在草地上自然成组地种植，优美的骑马道穿梭于林中，将轮廓鲜明的林地团块和草地组成了一幅极美的图画。一株林地边缘的智利南洋杉（monkey puzzle）被精心地布置在两条小路的交叉口，恰到好处地为这个金色的小花园提供了异域的景色。

这些野生花园的数量和多样性之多，值得用单独的章节来介绍。但是对于小尺度的野生花园，最好看一下纽科珀尔住宅（Newchapel House）花园中的坚果树步道，它位于萨里郡的林菲尔德。

设计本身很简单。两边种植了欧洲榛树（cobnut）的林荫道形成了狭窄的坚果树步道。在步道的一端，坚果树分散开，围出一块18m×12m的矩形林中空地。步道另一端，在坚果树荫下成组地种植着低矮的常绿植物——冬青叶十大功劳（*Mahonia aquifolium*）和茵芋（skimmia），在开敞处种植了可巧杜鹃（*Rhododendron × myrtifolium*）和黑海瑞香（*Daphne pontica*）——为这个种植提供了一个坚实的收尾。

49

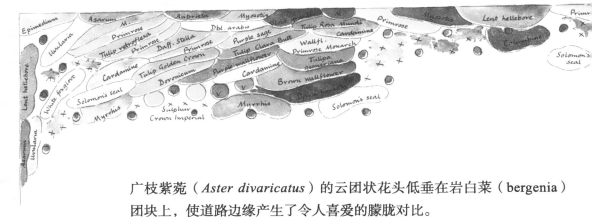

广枝紫菀（*Aster divaricatus*）的云团状花头低垂在岩白菜（bergenia）团块上，使道路边缘产生了令人喜爱的朦胧对比。

坚果树下面，花园的整个长边都松散地种植着欧洲鳞毛蕨（male fern）组团，偶尔有小块的蹄盖蕨（lady fern），形成画面的浅绿色基调。长飘带形团块的浅黄色报春花（primrose）、蓝色的琉璃草（omphalodes）和勿忘我（forget-me-not）覆盖着蕨类植物前面的空地，四处点缀的粗大的铁筷子（hellebore）和整齐镶边的欧洲细辛

四处散植的娇弱的蕨类与粗大的铁筷子（hellebore）为坚果路下的植物组合形成了基底。种植大戟（euphorbia）作为补充，大戟春天发出的鲜黄绿色的苞片和花遮盖了深暗色的丛生叶。

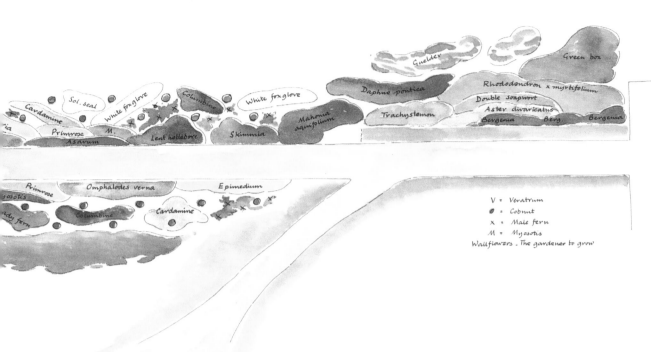

Guelder

Green box

Rhododendron x myrtifolium

Daphne pontica

Double soapwort

Aster divaricatus

Bergenia   Berg.   Bergenia

Trachystemon

Sol. seal

White foxglove

Columbine

White foxglove

Cardamine

Mahonia aquifolium

Primrose

M.

Lent hellebore

Skimmia

Asarum

Primrose

Omphalodes verna

Epimedium

Myosotis

Columbine

Cardamine

Lady fern

V = Veratrum

@ = Cobnut

X = Male fern

M = Myosotis

Wallflowers - The gardener to grow

（*Asarum europaeum*）寻求更深而有光泽的色调。在蕨类植物的后面和中间种植着其他冷色调、淡雅的植物：耧斗菜（columbine）和白色毛地黄（foxglove），优雅的拱形黄精（Solomon's seal）和端庄的垂铃儿（uvularia）、碎米荠（cardamine）及风铃草（campanula），展现了下层植物的蓝色、淡黄色和白色。

在坚果树步道内，幼嫩的蕨类植物之间只能容纳一两条窄的柔和色彩的植物条带。但是当欧洲榛树（cobnut）分开种植时，植物的条带一个挨着一个，色彩的组合宽得足以形成迷人而色彩丰富的春季花园。毛地黄（foxglove）和黄精（Solomon's seal）、碎米荠（cardamine）和垂铃儿（uvularia）与紫色的鼠尾草（sage）和美洲矾根（*Heuchera americana*）交织种植在一起，它们青铜色的叶子是白色和粉色郁金香的理想衬托，还种植着黄色的桂竹香（wallflower）、古铜色和紫色的报春花（primrose）、黄色的郁金香（tulip）和水仙（daffodil）以及帝王贝母（crown imperial）组团。

连续不断的欧洲鳞毛蕨（male fern）条带一直延续到林中空地，但在这儿，它们聚集在矩形空间的对角处，因而减弱了步道较窄部分强烈的平行线特征。在花园中色彩更丰富、空间更开敞的部分，种植了叶子粗大并带褶的藜芦（veratrum），对蕨类植物的浅绿色进行了很好的补充。在道路的边缘，蓝穗的筋骨草（ajuga）、浅色的南庭荠（aubrieta）、雪白的重瓣南芥（arabis）、荷包牡丹（dicentra）和董菜（viola）为这个小的林中空地增加了更为阳光和温暖的色彩，而淫羊藿（epimedium）、粗大的铁筷子（hellebore）、镶边的有光泽的细辛

纽科珀尔住宅（Newchapel House）中的坚果树步道。

51

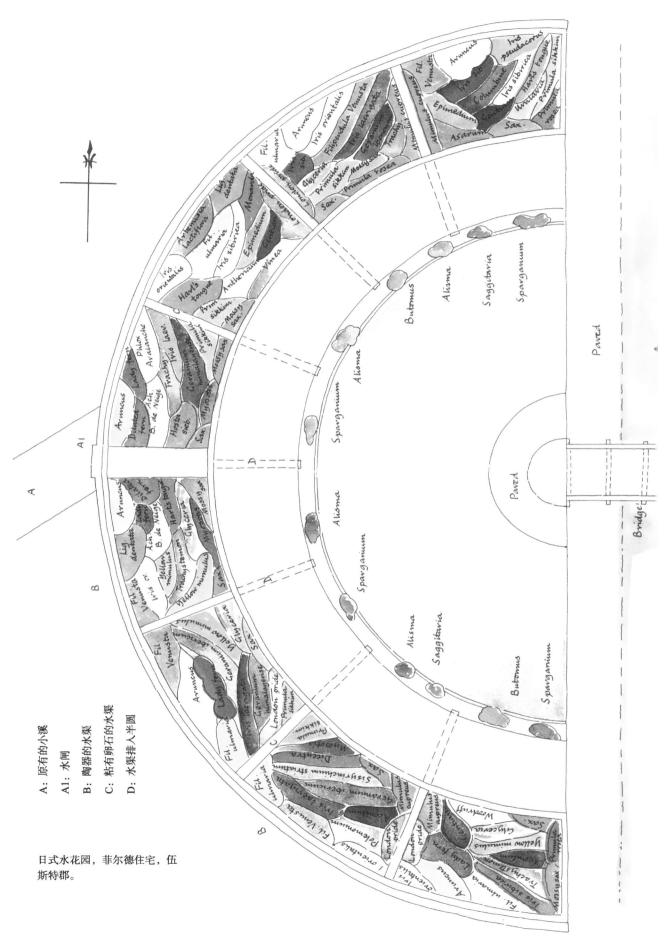

A: 原有的小溪
A1: 水闸
B: 陶器的水渠
C: 粘有卵石的水渠
D: 水渠排入半圆

日式水花园，菲尔德住宅，伍斯特郡。

（asarum）和偶尔的可巧杜鹃（*Rhododendron × myrtifolium*）组团在坚果树步道的开始处又重复地种植，带来了林地的优美和春季的清新，成为近前的一幅精美的印象主义图画。

在菲尔德住宅（Field House）引人注目的日式水园中，这样清新朦胧的小景发展成为了主要的画面，那个花园位于伍斯特郡的科兰特。福尔贝斯和泰特是花园的建筑师，可能由于他们来自很传统的一个设计工作室，这个水花园的设计远离了日本人通常的设计思想。如果没有建筑师的注解和草图，这个设计方案很难理解。图的东边看起来像两列通直的藤架支柱，实际上是一座日式小桥跨越边界的立柱。小桥落在一个小的半圆形平台上，在这里道路分向左右，而后弯转围合半圆形的池塘。在花园的另一边，已有的小溪通过一个水闸接通，为一个半圆形的陶瓦水渠提供水源，重复着半圆形。这条水道接着通过第二段水渠灌水至堵起的泥质植床，形成了八个部分的沼泽花园。多余的水通过小的瓦沟过滤排走，经过弯曲道路下面进入池塘。

杰基尔建议在池塘边种植的一些水生植物有：泽泻（alisma）、花蔺（butomus）、慈姑（sagittaria）、黑三棱（sparganium），以不规则的形式种植。然而，她的主要贡献则是将这个潮湿的花境设计成蓝色、浅黄色、白色和浅绿色的漂亮组合。旋果蚊子草（*Filipendula ulmaria*）有着奶白色的芳香花朵，假升麻（*Aruncus dioicus*）在整个花境中重复种植，形成花境骨架。西伯利亚鸢尾、燕子花（*Iris laevigata*）、溪荪（*Iris orientalis*）种植在这些拱形植物的中间和前面，其剑形叶塑造了重复的韵律感，还有色彩更为纯正又很漂亮的蓝白相间的蝶形花。在花境一端种植的一窄条黄色的黄菖蒲（*Iris pseudacorus*）延续了这种韵律感，也提供了生动的对比色。

另外一个主要的部分就是东方蓝钟花（*Trachystemon orientalis*）、老鹳草（geranium）和沟酸浆（mimulus），尽管它们很少被自由地运用。蓝钟花略带浅粉的蓝色花每年开花很早，当地面还是光秃秃的时候，它和一些常绿植物和半常绿植物一起呈现出了良好的景观，但是种植它的最主要原因是其巨大、有毛、浅绿色的叶子形成让人印象深刻的叶丛。老鹳草有着较亮的蓝紫色花以及更漂亮的指状叶，与沟酸浆的观赏期部分重叠，沟酸浆亮黄色的喇叭状花以及鲜嫩的绿色叶展示了浓密而优雅的水边种植景观。

这些植物奠定了基调，并占据了花境的一多半，设计的多样性体现出来了：在花境的第一部分，种有蹄盖蕨（lady fern）、蓝色花穗的乌头（aconitum）和晚花的萝摩龙胆（willow gentian），以及带白条纹叶的甜茅

假升麻（*Aruncus dioicus*）的乳白色花序营造出水边的繁茂景观。（上图）

西伯利亚鸢尾（*Iris sibirica*）：亮蓝色的蝴蝶状花朵生长在浅绿色的叶子中。（下图）

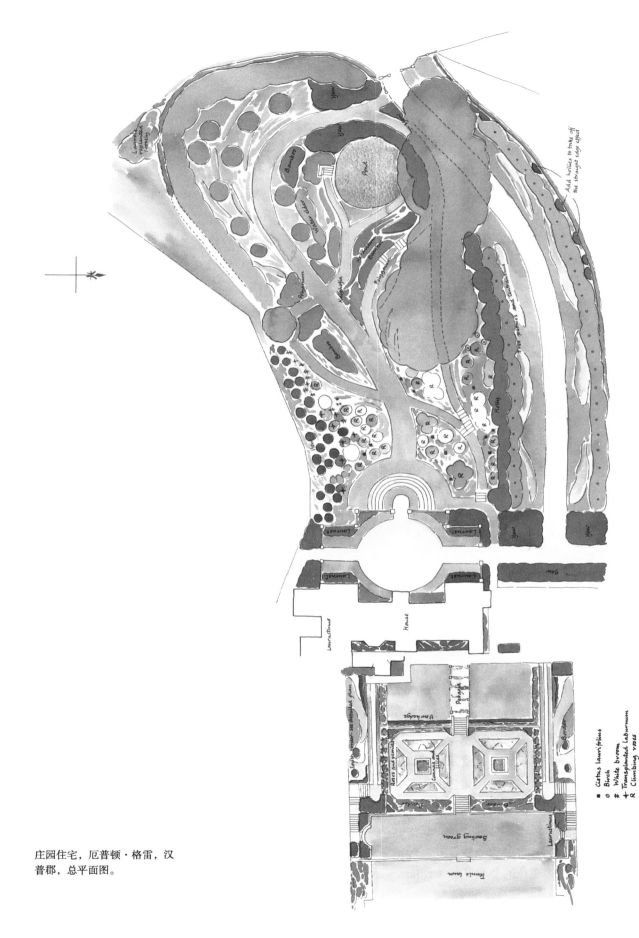

庄园住宅，厄普顿·格雷，汉普郡，总平面图。

（glyceria）和镶边的香车叶草（woodruff）；乌头出现在花境的第二部分，这次它挺立于地毯状的老鹳草（geranium）中，庭菖蒲（sisyrinchium）提供了细叶的对比，羽状的荷包牡丹（dicentra）、蓝色的勿忘我（forget-me-not）和苔绿色的圆球状虎耳草（saxifrage）提供了漂亮的镶边。于是，这些构成了花境的整体：有光泽的伦敦虎耳草（London pride），冬季依然有漂亮的绿色景观的细辛（asarum）和荷叶蕨（hart's tongue），一组玉簪与同样粗大叶的蓝钟花（trachystemon）搭配，纤细的圆果吊兰（anthericum）、垂铃儿（uvularia）和应景的耧斗菜（columbine）以及淫羊藿（epimedium）组团等。还有大片和谐的钟花报春（*Primula sikkimensis*）的自然种植，它亮黄色的花于春末和夏初开放，而此时花境正值春末新叶生长的高峰期。

为了完成对比，后来补充了设计，添加进三小丛玫红报春（*Primula rosea*）。在花境的主要观赏期从春末到仲夏，如果只是考虑花的美，玫红报春只是用整齐、浅绿色的莲座叶丛为花境提供良好的镶边；但它的花期更早一些——它亮玫瑰粉色的花朵在早春就从叶子中冒出。为什么会在花境中出现如此明亮又早开的花卉？杰基尔的一个基本原则是设计花境时应该有主要的观赏期，但绝不仅仅局限于一个季节。如果总体设计中将玫红报春定位成整齐的观叶饰边植物，那么精心地把它布置在花园显眼的角落里，可以让它展示意想不到的明亮色彩。能在蓝紫色的蓝钟花（trachystemon）花丛中，带来一抹暖色，而后光秃的花茎伸出裸露的地面。

择取出来的设计方案有朦胧淡雅的和地中海式温暖的色调、林地和

厄普顿·格雷花园中的花架，支撑着藤本月季和交替使用的其他植物。产生了对称上的均衡和不规则感。每种植物各显特色——甜甜香味的素芳花（jasmine）、奇异花朵和巨大叶子的马兜铃（aristolochia）、光亮的五叶地锦（Virginia creeper）。它们交织成一幅无拘无束生长的画面。

过了花架，干石墙上丰富地种植着低矮的植物组团，联系着上面和下面的花境。在前景中的鸢尾（iris）和芍药（peony）只是在夏季时有着短暂的开花效果，但是它们的叶子可观赏数月。

繁茂的水边植物景致，充分展示了观赏特征的广泛性，以及杰基尔通过精心选择和配置植物营造出的各种感觉和氛围。但是，她的作品最伟大的亮点在于能够将很多甚或是全部这些个情调交织成完全协调、统一的花园景观。

庄园住宅（Manor House）花园位于汉普郡的厄普顿·格雷，那是一个展现杰基尔小姐多才多艺的完美案例：由冬青（holly）和牡丹（tree peony）形成林荫道，末端是大量的深色黄杨，前缘是常绿雅致的蕨类植物，弯曲的道路通向宁静的野生花园直至私人游泳池；棚架上精心布置了攀缘植物；多彩的花境围绕着平坦的绿色草坪，还有周边经过精心设计的空间——从深色忍冬属植物之间的台阶下行到更大的区域如月季花园和网球草坪。

在大型花园里，在不规则的杜鹃组团中，精细而色彩丰富的小花园会与绿色林地步道的不同区域相结合。最后，或许有一个惊喜——一个秘园，有着鲜亮的花卉或是月季藤架，似乎暗示这个非正式的场地就是一个花园，一件艺术品，不是自然林地中偶然出现的迷人景色。

厄普顿·格雷并不是一片很大的房产。约1890年，查尔斯·霍尔默扩建了16世纪的农场房屋，这时他从企业退休，投入到自己的工艺美术兴趣中。贴着瓷砖的房屋外墙面和中部半为木材的建筑立面，为杰基尔

厄普顿·格雷的月季花园，三面都以干石墙围合，在月季花花期前后都有景可赏。石墙前的中心景观包括芳香的王百合（*Lilium regale*），以及之后夏季可赏的粗大叶子的美人蕉（canna）。月季（rose）种植床，以毛茸茸的水苏（stachys）做镶边，光叶的芍药（peony）穿插在月季中，周围有薰衣草（lavender）、迷迭香（rosemary）、石竹（pink）和其他灰色叶植物组成的窄花境。

小姐的花园设计提供了理想的背景。

房屋与路的设置恰到好处，一条长长的道路在向右拐弯进入前庭之前紧贴房屋的一边布置。杰基尔小姐种植了一条长而不规则的冬青（holly）将道路隐藏了，还在较外层的地方适当添加了更多的冬青以减少边界线条的僵硬感。长长、柔和色彩的牡丹（tree peony）条带围绕着大量的缬草（centranthus）流动，以花园独特的方式界定了入口通道。大量深色的紫杉（yew）将这个优雅的牡丹花园与前庭隔开了，前庭以低墙围绕，并简单地种植了深绿色植物，以突出房屋更为精细的特点。一旦置身前庭中，位于冬青（holly）后面的花园区域都被展现出来，杰基尔小姐还设计了一条长长的蜿蜒道路直达小池塘，然后一条分支小路返回到圆形台阶连接野生花园和前庭。

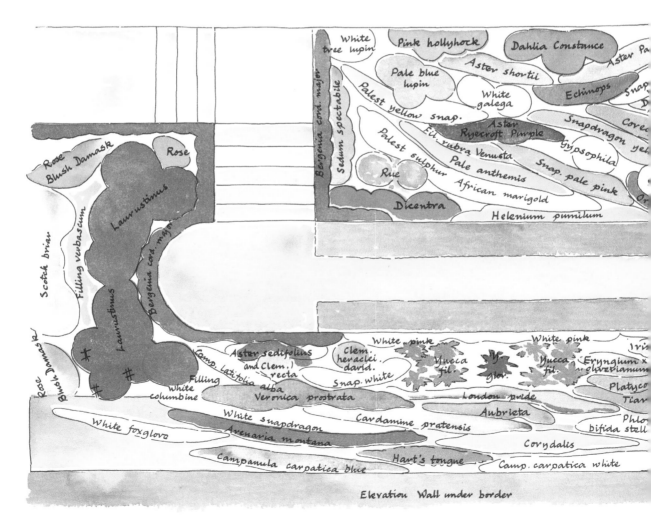

群植的紫杉（yew）和自然种植的月季（rose）填满了花园的南部空间，没怎么遮挡如画般的教堂和墓地，在深色的常绿植物中种植的金链花（laburnum）由于其早花的色彩和鲜嫩的绿色使得整个景观非常漂亮。月季（rose）继续蔓延到花园的北部，较高月季的长花枝蔓延到了限定道路的冬青（holly）里，较低的月季（rose）与月桂叶岩蔷薇（*Cistus laurifolius*）混合种植，在南边还种植了白色的金雀花（broom）。

靠近池塘边，种植呈现出更为流动的特点，在竹子（bamboo）的组团中长飘带形地种植着草本植物——尖塔形的火炬花（kniphofia）、暗红色的蓼（polygonum）、体形优美的独活（heracleum），还有大量鲜绿色的欧洲荚蒾（*Viburnum opulus*）和深色的紫杉（yew）。

在房屋的另一边，原来的花园以规则式的台地降落至最低处的网球场，草堤分隔各层台地。杰基尔小姐不怎么喜欢草堤的形式（威廉姆·罗宾逊把这种阶梯状的形式挖苦为"铁路护坡式园艺"）。高度沿着自然坡度逐渐降低时，草坡的宽度也会逐渐变窄，在每层台地上留下

地中海荚蒾（laurustinus）和岩白菜（bergenia）沿台阶种植。在夏季，它们深色的漂亮叶子形成了花园的骨架，轻轻地缓和了建筑上的线条。在冬季和早春季节，多数花园植物还处于冬眠状态时，这两种重要的常绿植物就有景可观了，它们的暗粉色花和岩白菜棕色叶与长着苔藓的石头的微妙色彩很和谐。（上页图）

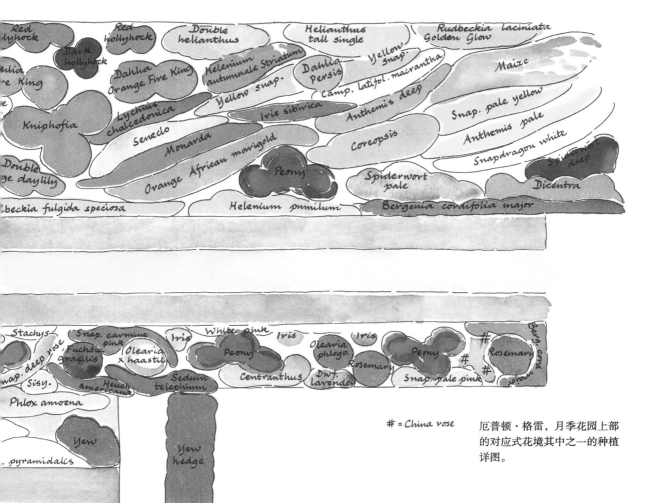

厄普顿·格雷，月季花园上部的对应式花境其中之一的种植详图。

鲜红色的剪秋罗（lychnis）和火炬花（kniphofia）交织种植在位于月季花园上面的外层花境中央，以黄色的堆心菊（helenium）作为道路的镶边。在花境的尽头，这些强烈的色彩与蓝色和白色的翠雀花（delphinium）、羽扇豆（lupin）、紫露草（spiderwort）相结合，深色团块的岩白菜（bergenia）和地中海荚蒾（laurustinus）起到坚定的收尾作用。

了尴尬的草坡形状。在杰基尔的影响下，用干石墙代替了草堤，于是很不规则的四边形草地变成了矩形的花园。

从房屋伸出一小段藤架，每隔一根柱子下种植着月季，其余的柱子下种植着粗大叶子的马兜铃（aristolochia）、优雅掌形叶的五叶地锦（Virginia creeper）和芳香的素方花（jasmine）。在前方，新的干石墙处种植着南庭荠（aubrieta）、蚤缀（arenaria）、石竹（pink）和风铃草（campanula）、卷耳（cerastium）和白色金鱼草（snapdragon）的飘带形团块，它们下面坐落着月季花园。这儿，以水苏（stachys）镶边规则式种植的月季（rose）、芍药（peony）框定着中间方形区域种植的美人蕉（canna）和几盆白色百合（lily）。美人蕉（canna）的装饰效果比任何长花期的月季更为持久，也更显分量。

在藤架草坪的左端和右端，平行于下方月季花园的窄路最终以之字形台阶下降到下一层台地的保龄球草坪。这些侧面的道路和中间的月季花园被蓝色、白色和黄色的窄花境分割。详图中，花境里种植了乳白风铃草（*Campanula latifolia*）、蓝色的大卫铁线莲（*Clematis heracleifolia* var. *davidiana*）、多叶紫菀（*Aster sedifolius*）、白色的直立铁线莲（*Clematis recta*）、白色的金鱼草（snapdragon）、大丛的丝兰（yucca）和奥氏刺芹（*Eryngium × oliverianum*）。在远处，种植着粉色的金鱼草（snapdragon）和细短筒倒挂金钟（*Fuchsia magellanica* var. *gracilis*），增加了暖色调。在墙的下面，同样的色彩主题继续出现。长飘带形的蓝色婆婆纳（veronica）、最浅色的伦敦虎耳草（London pride）、泡沫般白色的黄水枝（tiarella）和熏衣草色的福禄考（phlox）从花境延伸到墙体，与精心布置在墙体处的蚤缀（arenaria）、南庭荠（aubrieta）和岩生福禄考（*Phlox stellaria*）相汇合。白色的毛地黄（foxglove）、金鱼草（snapdragon）和塔形风铃草（*Campanula pyramidalis*）强调了竖向景观，中间还穿插种植了松散的圆形花头的碎米荠（cardamine）。在靠近墙基处，种植了蓝色和白色的广口风铃草（*Campanula capatica*），使得这个色彩主题延伸到夏季。

沿着道路从窄花境穿过，一个更宽的植床延续着主题，发展成为色彩逐渐强烈的组合。两端都是点缀着亮蓝色的淡黄色色调——最浅黄色的万寿菊（marigold）、条纹叶的玉米（maize）、蓝色的紫露草（spiderwort）、蓝色和白色的羽扇豆（lupin）。快到中间时，色彩从黄色的金光菊（rudbeckia）、向日葵（helianthus）、堆心菊（helenium）、橙色的万寿菊（marigold）和鲜红色的美国薄荷（monarda）转换到火炬花（kniphofia）、橙色和鲜红色的大丽花（dahlia）和深红色的蜀葵（hollyhock）。色彩主题的这些变化被组团种植的白色、黄色、粉色和玫红色的金鱼草（snapdragon）强调。

再次使用漂亮的地中海荚蒾（laurustinus）来围合，尤其用来掩藏两层之间的磴道。一片水苏（stachys）竖立在墙上，毛茸茸的粉色花穗和灰色叶在深色背景的衬托下有着清晰的轮廓。

最后，在这个花园的最低处是两个对应式的月季花境（图中没有显示）。迷人的柔和色彩在不小的程度上被三维立体的巧妙布置所弥补：月季和华丽铁线莲（*Clematis flammula*）垂落在花境后面的铁环和锁链上，它们呈现出的竖向线条被有扇形褶皱前缘的地面植物组合所重复。花境三个部分，每一块的基本模式一样。四丛月季中的前两丛中穿插种植了芍药（peony），后面则种植了深蓝色的牛舌草（anchusa）。而白花百合（Madonna lily）和唐菖蒲（gladiolus）的短飘带团块占据了每个部分最中央的位置，唐菖蒲在前面取代早花的百合。在这些植物的周围，依次种植了：后面，白色银莲花（anemone）延续夏末和秋季的景观；翠雀花（delphinium），取代盛夏开花的牛舌草；长花期的金鱼草（antirrhinum）种植在每一边；几盆麝香百合（*Lilium longiflorum*）沿着前缘种植。

规律性的重叠是辅助的韵律表达。在每个花境的外部，月季是红色，唐菖蒲（gladiolus）是鲜红色，以及金鱼草（antirrhinum）是粉红色，整个花境中都穿插种植着福禄考（*Phlox drummondii*）——都是强烈的暖色调；在中间的部分种植着白色的月季、浅橙色的唐菖蒲和白色的金鱼草，插入种植了淡紫色的天芥菜（heliotrope）来求得偏冷色和更柔和的效果。

厄普顿·格雷是其中引人注目的一个花园，现在已恢复了原来的景色。两百多个其他花园的图纸，只能从精神上领会种植上的丰富与精妙，而在这里可以欣赏每一个细节的色彩、质地和香味。而其他方面不足为奇：尽管这儿非常漂亮而且尺度适中，也只是达到了复杂和简约之间的平衡，这是杰基尔小姐花园设计的特征。

耐寒花境

种植设计上的经验

布莱肯布鲁，坎布里亚郡（Brackenbrough, Cumbria）

普日萨德费，圭内斯郡（Presaddfed, Gwynedd）

玛什斯，威洛布鲁克，伯克郡（Marshes, Willowbrook, Berkshire）

到目前为止所讨论的多种设计方案中，最重要且最富有杰基尔花园设计特色的耐寒花境却有意没有触及。一方面是为了强调杰基尔多种多样设计作品的其他特点，另一方面则因为很难挑选出一个典型的耐寒花境案例。所以，有理由将花境单列一章加以介绍。

芒斯特德·伍德花园中的耐寒花境理所当然是所有花境中最著名、最值得一提的作品。因为就是在这里，杰基尔进行了最初尝试，以"一种独特的色彩组织方案"发展了她的设计思想和种植技术。获得的成果成为后来其他花园设计的起点，《花园的色彩设计》一书中杰基尔有着详尽的描述。

芒斯特德·伍德的花境有60m（200ft）长，4.3m（14ft）宽，以3.3m

在伍斯特的克么堂花园（Kemerton），黄色和红铜色的堆心菊（helenium）、红色的烟草（nicotiana）、大丽花（dahlia）和黄色的欧蓍草（achillea）以及火炬花（kniphofia）和拱形的雄黄兰（crocosmia）一起形成了色彩的渐进序列。紫色的天芥菜（heliotrope），红铜色叶的甜菜（beet）以及浅色的长药景天（*Sedum spectabile*）作为相邻花境的开始。（上页图）

本页和下页两幅芒斯特德·伍德花园的绘画捕捉到了杰基尔小姐种植的对比色调。
本页图由海伦·阿林哈姆绘制。丝兰（yucca）、蜀葵（hollyhock）和唐菖蒲（gladiolus）在黄色的向日葵（helianthus）团块中形成了强调。

本页图由米迦勒节紫菀（Michaelmas daisy）和紫菀（aster）形成了朦胧的画面。

（11ft）高的石墙为背景。花境前缘布置的大面积草坪使得游人可观赏到整个花境，色彩的范围包括一边靠墙的灌木以及另一边林地花园中宁静的绿色。这个花境可以从四个层级来欣赏。从远处看，由林地花园和墙边灌木形成多叶的框架营造出单一的色彩。从草坪上看过去，花境占满了整个视野，"两端的冷色调突出了中间明亮的暖色调，呈现出一幅漂亮的画面。"当慢慢地沿着花境走，不同的部分会依次出现："现在每一个部分都是一幅单独的画面，按照色彩的自然法则，每种色彩都最大限度地愉悦了眼睛。"最后，可以停下来仔细观察特别的细节——黄色的花朵与花境蓝灰色的部分形成对比，蓝绿色的欧洲海甘蓝（sea-kale）的叶子与银叶菊（*Senecio bicolor* ssp. *cineraria*）的叶子，或者鲜红的旱金莲（nasturtium）与暗黄色的丝石竹（gypsophila）都形成了漂亮的和谐色。

对杰基尔小姐来说，这儿有第五个层面的欣赏：从投身花境的劳作中获得的一种深深的满足，不仅是年复一年的观测和设计方面的脑力劳动，还有保证每种植物都处于最佳状态的园艺活动方面的体力劳动。为了保持几个月的色彩效果，有必要用晚花植物去接替早花植物，比如用旱金莲（nasturtium）接替丝石竹（gypsophila），还可以在花境中放置一些盆栽植物。浅粉色的绣球花（hydrangea）就是以这种方式用在植物中。"它们的叶子是一种十分明亮的绿色，但是可以让它们开花足够繁茂而只露一点儿叶子，而且也可以尽可能灵活地布置，让其周围浅蓝色的叶子或多或少地掩藏剩余部分的叶子"，这就是一个艺术和花园技

杰基尔小姐经常应用铁线莲（clematis）遮掩早花的翠雀花（delphinium）和牛舌草（anchusa）枯萎了的景观。在庞维斯城堡（Powis Castle）的现代花境中，'杰克曼尼'铁线莲（*Clematis × jackmanii*）呼应着背景中树木的轮廓和朦胧的色彩。同样的色彩被乌头（aconitum）和羽状叶的花葱（polemonium）重复，浅黄色的萱草（daylily）和春黄菊（anthemis）作为补色。

艺的完美案例。

芒斯特德中，花境的最佳观赏期在晚夏，附近小小的秘园的最佳观赏期会早一个月左右，墙的另一边，穿过菜园的紫菀（aster）花境在秋初有较好的效果。但是，花境在晚夏时表现最佳并不表示一年的其他月份无景可观。就花境的背景而言就很漂亮，包括紫杉绿篱和漂亮的墙体，或是布置在非常有效果的林中空地里。作为花境背景的爬墙植物在一年之中的很多时刻会有图画般的效果，粗大的枇杷（loquat）、深色的月桂树（bay）和地中海荚蒾（laurustinus）、令人愉悦的黄花木（piptanthus）和几缕爬过墙的绣球藤（*Clematis montana*）陪衬下的墨西哥橘（choisya）以及早花的蜡梅（wintersweet）、榅桲（quince）和木兰（magnolia）。

花境本身，许多夏季为主要观赏期的植物在其他时间里也不逊色。在《花园的色彩设计》书里的花境设计图中，很值得注意那些雕塑般的丝兰（yucca）和大戟（euphorbia）的分布，从基部展开的深色的岩白菜（bergenia）和宿根的常绿屈曲花（*Iberis sempervirens*）植丛，灰色的芸香（rue）和瓜叶菊（cineraria）组团，神圣亚麻（santolina）和水苏（stachys）组团（尤其是花境末端更贴近房屋的地方），以及有着耐久、灰绿色剑形叶的香根鸢尾（*Iris pallida* ssp. *pallida*）。这些植物组合在一起，精心地绘制成了色彩协调的图画。

较亮的聚焦点，如孤植的金叶女贞（golden privet）、生长初期萱草（daylily）叶子淡淡、石灰绿色的团块和东方罂粟（Oriental poppy）（图中没有显示，种植在丝石竹周围，被丝石竹纤细的茎叶所掩藏），以显著的效果适度地分布着。那不是孤立地在颜色上的涂抹，而是细心均衡色彩设计的一部分。

夏初，鸢尾（iris）的灰色叶被芳香的浅蓝色花朵所覆盖，预示着花境主要观赏季开始了，同时还有柔和的老鹳草（geranium）组团，和白鲜（dictamnus）开放在深色、芬芳叶丛上的纤细尖状花。到这时，草本植物幼嫩的叶子都长大了，任何小空隙中都种植了一年生花卉作为填充：有浅黄色和橙色的万寿菊（marigold），鲜红色的鼠尾草（salvia），黄色和白色的金鱼草（antirrhinum），白色、黄色、橙色的大丽花（dahlia）和热带的美人蕉（canna）。其中很多植物，有丰富的栽培品种，可以持续到夏末甚至是初霜时节。

花境的主要观赏季被盆栽的百合（lily）、塔形风铃草（*Campanula pyramidalis*）、玉簪（hosta）和花期一致的绣球花（hydrangea）进一步地延长。植物花期过后的不良景观都被仔细地掩藏了。将翠雀花（delphinium）作为晚夏的白色宽叶山黧豆（everlasting pea）以及初秋的'杰克曼尼'铁线莲（*Clematis × jackmanii*）的支撑；在晚些时候，也可以作为白色的华丽铁线莲（*Clematis flammula*）的支撑。在夏季，最高的向日葵（sunflower）、金光菊（rudbeckia）、大丽花（dahlia）和米迦勒节紫菀（Michaelmas daisy）、非洲万寿菊（African marigold）或是藿香蓟（ageratum）都要被修剪，削弱顶端优势，刺激许多侧芽的产生，使得花境在最后几周又重现丰富的色彩。

在年末，霜冻来临了，将变暗的大丽花（dahlia）花头以及一年生花卉的残余部分收集起来用小车运走，可以为林地中的大百合（giant

在萨里郡珀里斯登·雷西（Polesden Lacey）花园里的一个灰色、白色以及粉紫色的花境，有球形、尖塔形以及平花头，让一个很简单的设计充满了变化。球形花的大花葱（*Allium giganteum*）下面，岩白菜（bergenia）和拱形叶子的萱草（daylily）起着重要的作用。

lily）提供覆盖物，或是为来年补充堆肥。这样清理后，花境就有了较为宁静、却又不乏吸引力的冬装。

芒斯特德·伍德中的耐寒花境是艺术构思和园艺技能的杰作，或许这是工艺美术运动时期留给人们印象最深刻的作品之一。在杰基尔为其他人设计的花园中，一些管护的方面可能会松懈：比如支撑花茎和整枝修剪、放入盆栽植物和拉低晚花的宿根花卉遮盖早花种类等，这些工作会把懒于管理和能力不足的园艺者吓倒。要想有一种可预见性和更为有保证的花园效果需要那样做。然而，许多值得注意的花境设计图和白色宽叶山黧豆（everlasting pea）、'杰克曼尼'铁线莲（*Clematis × jackmanii*）的偶然出现表明了杰基尔小姐至少想到了一些人在掩饰残败的翠雀花（delphinium）时会遇到麻烦。

坎布里亚郡的布莱肯布鲁（Brackenbrough）花园中的花境，与芒斯特德·伍德的花境形成了有趣的对比。芒斯特德·伍德的花境分为两个部分，其中一个比另一个长很多。花境长约90m（300ft），开始于蓝色和灰色，逐渐增强为橙色、深红色和鲜红色，再消退到蓝色。芒斯特德·伍德中的花境，两端的柔和色彩被粗大竖线条形状的丝兰（yucca）和大戟（euphorbia）分隔开来。而布莱肯布鲁的花境不是这样，那些粗大竖线条形状的植物在花境中间的较长区域中种植，与之搭配的是美人蕉（canna）和橙色的万寿菊（marigold）、红色的大丽花（dahlia）和蜀葵（hollyhock）。在丝兰（yucca）的前面，竖线条的鲜红色唐菖蒲（gladiolus）与水平线条的丝石竹（gypsophila）形成对比，后者以鲜红色的旱金莲（nasturtium）装饰形成了粗放而明亮的中间景观。

一条碎石小路从房屋尽头穿过，约45m（150ft）长，与花境中央相连，因此，花境中间粗犷的轮廓和色彩在一定的距离上成了视觉的焦点。

也许是因为在北边，又或许是因为丝兰（yucca）的焦点角色，布莱肯布鲁的花境比芒斯特德·伍德的花境中用的灰色植物更少，因此景观效果更清晰和明亮。在花境较短部分的末端，种着粗大的岩白菜（bergenia）组丛。这儿没有像芒斯特德·伍德的花境那样用深紫杉绿篱作为背景，所以岩白菜为后面的蓝色和白色团块提供了必需的稳

由于有强烈的色彩，或是为了乡村花园的简朴效果，杰基尔经常使用的盆栽万寿菊（marigold）。这里，万寿菊热烈的颜色在强烈程度上与钉状的雄黄兰（crocosmia）、金色的春黄菊（anthemis）和远处暗色叶的大丽花（dahlia）相配合。

定基调。牛舌草（anchusa）和紫露草（spiderwort）以及白色的福禄考（phlox）和漂亮叶子的欧滨麦（*Elymus arenarius*）都种植在边角处；老鹳草（geranium）、玉簪（aster）、刺芹（eryngium）、蓝刺头（echinop）形成了蓝色的较大团块，点缀上白色的芍药（peony）和白色的毛地黄（foxglove）、'布勒内日'蓍草（*Achillea* 'Boule de Neige'）和白条纹叶的玉米（maize）。边缘种植的是水苏（stachys）、神圣亚麻（santolina）、荆芥（nepeta），并在需要重点突出的地方，种植更多的岩白菜（bergenia）。细条带状种植的黄色金鱼草（snapdragon）和浅黄色万寿菊（marigold）点亮了主体的种植团块——蓝色和白色。在第一部分的花境末端，就像开始一样，种植的是牛舌草（anchusa）和岩白菜（bergenia），还种植了亮黄色花的蒲包花（calceolaria）用以提亮色彩。

花境的第一部分占整个花境长度的三分之一，亮蓝色、白色和黄色花卉形成了冷色调的完整组合。在花境的两个部分之间，道路两侧种植的植物也形成了完整的色彩组合，因为种植在第一部分末端的岩白菜（bergenia）和蒲包花（calceolaria）团块在第二部分的开始处又重复种植了，起到了均衡的作用却又不完全对称。

从这一点开始，种植的是刺芹（eryngium）、翠雀花（delphinium）和亮蓝色的长蕊鼠尾草（*Salvia patens*）、白色的欧蓍草（achillea）、毛地黄（foxglove）、条纹状的玉米（maize）、浅黄色的非洲万寿菊（African marigold），再快速转换到深黄色的堆心菊（helenium）和向日葵（helianthus）、橙色的万寿菊（marigold）、红色的蜀葵（hollyhock）、大丽花（dahlia）和丝兰（yucca）、大戟（euphorbia）、美人蕉（canna）及丝石竹（gypsophila）。有23m（75ft）长，占花境总长度四分之一的范围内，矗立着丝兰（yucca）和美人蕉（canna）的花穗，就像暴风

布莱肯布鲁花园（Brackenbrough）中的花境。

雨的海面上涌起白色的波浪。另外，金黄色的金光菊（rudbeckia）和春黄菊（anthemis）、鲜红色的美洲薄荷（monarda）和蓝色的奥氏刺芹（*Eryngium × oliverianum*）团块，竖线条的蜀葵（hollyhock）轮廓，鲜红色的唐菖蒲（gladiolus）和灰色的香根鸢尾（*Iris pallida*）都呼应着暴风雨般的强烈效果。

花境结尾部分种植着亮白色的大丽花（dahlia）、大滨菊（*Leucanthemum maximum*）和欧蓍草（achillea），在滨麦（elymus）和海甘蓝（seakale）之间种植了浅粉色的红花蚊子草（*Filipendula rubra* 'Venusta'），还有浅黄色的春黄菊（anthemis）和亮蓝色的牛舌草（anchusa）。在花境后面，高的翠雀花（delphinium）和前面的半边莲（lobelia）之间种植的是亮黄色的牛舌草团块。

布莱肯布鲁花境的尺度很宏伟，长度约超过90m（300ft），其中的许多种植团块的长度有6~7.5m（20~25ft）。但是更为引人注目的是每个部分自己成为一幅完整的图画。同时又不易觉察地融入相邻的部分。这对于现代的园艺者来说有着特别的意义，它清楚地展示了如何在一个花境中展示多个主题，能为在很小尺度下进行的园艺活动提供了灵感。

普日萨德费（Presaddfed）花园在北威尔士，位于圭内斯郡最远的边角地上，是一个由多个部分组成的复杂花园，包括一整套单色和色彩分类的花境。杰基尔小姐为这个花园的十五个不同区域提供了十个设计方案，包括下一章描述的规则式花园在"台阶与墙垣"一章中提及的之字形台阶和春季花园。也许最出色的花境是对应式的橙色花境（有趣的是，当杰基尔在她的花园中使用有限的几个色彩进行设计时，往往会选

这是位于圭内斯郡普日萨德费花园（Presaddfed）中的蓝色、黄色和白色花境。

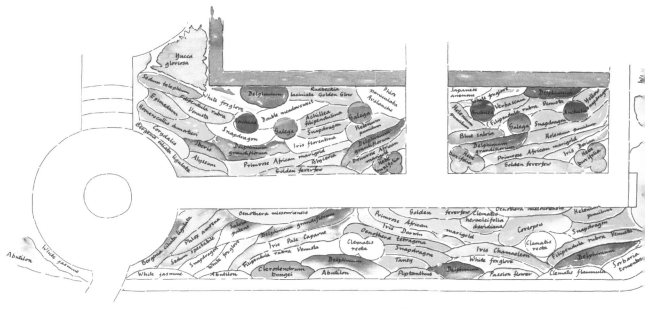

无论是为了保持新鲜的亮黄绿色叶而进行重剪，或是不修剪以保证在之后的季节长出无数的白色花，金色的短舌匹菊（feverfew）都可以为蓝色、黄色和白色的色彩主题提供完美的镶边。当行人走过碰到它的叶子时，浓烈的香味会随之散发进空气中，这也是一个额外的惊喜。

用较强烈的黄色和橙色，而不是她经常使用的淡粉色和淡紫色）。可是，因为强烈的色彩组合在芒斯特德·伍德和布莱肯布鲁相关的花境中作了详尽的讨论，我就挑选了这个花园角落里的一个较小花境，介绍蓝色、黄色和白色的较亮色彩组合。

这个花境方案，均衡地种植了亮蓝色和黄色植物，偶尔点缀进白色植物，在某种程度上有些像布莱肯布鲁花境两端的种植，但在效果上却大不相同。这儿没有灰色叶植物镶边，没有猫薄荷（catmint）团块；甚至连紧实的老鹳草（geranium）组团也没有。替代镶边的是金色的短舌匹菊（feverfew, *Tanacetum parthenium* 'Aureum'）、蔓生矮的柠檬色大果月见草（*Oenothera missouriensis*），以及黄杨叶拟婆婆纳（*Hebe buxifolia*）在花境的拐角处提供了坚实的深绿色支撑，比种植岩白菜（bergenia）效果更为紧实、更为规则。普日萨德费花园的这个花境是对应式的，一边以深紫杉绿篱为背景，另一边以墙前种植深绿色和黄绿色的攀缘植物以及灌木为背景。因此，整个效果比浅色和朦胧色的布莱肯布鲁和芒斯特德·伍德中的花境的色彩更深、更强烈，形成闪亮的景观效果而非柔和。

这个色彩斑斓的花园入口开始于宁静的色调。两组丝兰（yucca）与蒂立景天（*Sedum telephium*）一起种植在台阶的两侧直达圆形铺装，铺装周围种植着柔和绿色的舌状岩白菜（*Bergenia ligulata*），这是心叶岩白菜（*Bergenia cordifolia*）的变种。淫羊藿（epimedium）、花期长而小巧的小萱草（*Hemerocallis dumortieri*）、蕨状的欧黄堇（*Corydalis*

lutea）和深色的常绿屈曲花（*Iberis sempervirens*）覆盖了围绕圆形的边坡，再种植逐渐变高的白色金鱼草（snapdragon）和浅粉色的红花蚊子草，（*Filipendula rubra* 'Venusta'），直到高的毛地黄（foxgolve），与深绿色的紫杉（yew）背景巧妙地结合在一起。

接着引入了花境的主要色彩：高的翠雀花（delphinium）、较低的翠雀（*Delphinium grandiflorum*）以及同样亮蓝色的长蕊鼠尾草（*Salvia patens*）；非洲万寿菊（African marigold）、黄色的金鱼草（snapdragon）、堆心菊（helenium）以及平平的黄色花头的凤尾蓍

（*Achillea filipendulina*）。在最长条带的万寿菊（marigold）和镶边的金黄色短舌匹菊（feverfew）之间种植较小团块的花叶大甜茅（*Glyceria maxima* 'Variegata'），它的纯白色条纹与较大组合中的条纹状玉米（maize）有着形状上的对比和色彩亮度上的相似性。偶尔种植的鸢尾（iris）组团在早夏开着漂亮的浅蓝色和白色花朵。重瓣的'重瓣'旋果蚊子草（*Filipendula ulmaria* 'Flore Pleno'）、白色的福禄考（phlox）和白色的杂种秋牡丹（Japanese anemone）为夏季到秋季增加了连续的白色调。在花境的末端，毛地黄（foxglove）的花序重复了开始的主题，它们的形状在后期被黄色花序的毛蕊花（verbascum）、翠雀花（delphinium）以及浅粉色的红花蚊子草（*Filipendula rubra* 'Venusta'）团块重复。

多数植物在对面的花境中重复种植。'佩尔·卡帕尼'鸢尾（*Iris* 'Pale Caparne'）被杰基尔小姐称为最漂亮的浅蓝色植物，对面色彩更深的花境中交替使用着其他的栽培品种，它们挺立的叶子从花境中部很多圆球形的植物中伸出。万寿菊（marigold）、金色的短舌匹菊（feverfew）和其他植物重复着这样交替的韵律。因为这个花境较长较窄，而且没有穿过的小道打断，其他的植物团块也是窄长条形。但是，这个窄花境以墙为背景，所以靠墙的灌木和攀缘植物借此也融入主色调。

墙体种植开始是白色的素方花（jasmine）和淡紫色的苘麻（abutilon），与路另一边的植物形成对称的布置。当然，在灰绿色叶的苘麻为纯蓝色的翠雀花（delphinium）和长蕊鼠尾草（*Salvia patens*）提供背景之前，苘麻精美的花朵就已经凋谢了。在两丛苘麻之间种植了漂亮的臭牡丹（*Clerodendrum bungei*）组团，这是一种有趣的植物，为了增加墙体的暖色而种植，但其色彩不会立马显现。在丝兰（yucca）下面种植着蒂立景天（*Sedum telephium*），墙下小路边是长药景天，（*Sedum spectabile*），只有当它们平平的花头从暗粉色逐渐枯萎变成锈棕色时，臭牡丹的效果才会真正显现。当花境中的多数植物都开始枯萎时，还有哪种植物可以比这种漂亮的开褐紫红色花、暗色的亚灌木更适合作为花境的背景来增添厚重的暖色呢？

苘麻（abutilon）的远处，叶色更亮更浓：尼泊尔黄花木（*Piptanthus nepalensis*）的亮黄色、豌豆似的花在精细质地的艾菊（tansy）上开放，华丽铁线莲（*Clematis flammula*）攀缘在墙上，与邻近的位于拐角处的翠雀花（delphinium）团块一起覆盖住墙体。第一组的翠雀花（delphinium）与灰色叶的苘麻（abutilon）和浅粉色的红花蚊子草（*Filipendula rubra* 'Venusta'）搭配在一起，而另一组的翠雀

蓝色和黄色搭配是最具活力的色彩设计之一。在剑桥克莱尔学院的花境中，黄色的毛蕊花（verbascum）和蓝色的翠雀花（delphinium）被黄色的堆心菊（helenium）和平花头的欧蓍草（achillea）平衡了，并以孔雀草（French marigold）和柔软羽衣草（*Alchemilla mollis*）镶边。蓝盆花（scabious）和飞蓬（erigeron）的蓝紫色花开始替代翠雀花（delphinium），大卫铁线莲（*Clematis heracleifolia* var. *davidiana*）正在长出甜香的蓝灰色花朵。（上页图）

花（delphinium）以浅绿色叶的毛叶珍珠梅（*Sorbaria tomentosa*）为背景，以更多的蚊子草（filipendula）作为支撑，因此蓝色的花序出现在绿色和象牙白色的花海之中。在这样精美的组合前面，种植了黄色的金鱼草（snapdragon）和金鸡菊（coreopsis）团块，在花境的前缘，种植了堆心菊（helenium）和月见草（oenothera），它们的纯黄色与翠雀花（delphinium）形成对比，在花园尽头的座椅周围种植了浅绿色花头的墨西哥橘（*Choisya ternata*）——主要是因为它密生着芳香的"橘花"似的白色花朵。

所有被提及的植物都呈长条形，有时呈很长的飘带形种植。甚至是

假升麻（*Aruncus dioicus*）的绿白色花序和漂亮的蕨叶营造出繁茂的冷色调植物组合效果。紫花野芝麻（*Lamium maculatum*）种植在黄精（Solomon's seal）弯曲的茎干中，它有白斑的叶子提供更亮的色调，堇菜（viola）带入了明亮的色彩。

格洛斯特郡希德考特庄园（Hidcote Manor）中的漂亮花境就像位于威洛布鲁克的玛什斯（Marshes）花境一样，都将红色和橙色设置在冷绿色的背景前面。鲜红色的大丽花（dahlia）和橙色的萱草（daylily）以矾根（heuchera）、紫色的榛树（hazel）和其他棕色叶的植物以及浅绿色、拱形、高高的观赏草作为背景。

单独种植的贴墙灌木，也被培育得能够覆盖长长的墙体。为了保持住组合的效果，防止协调的景观退化成单调的景观，杰基尔小姐在适当的间隔处打破了这种流动的韵律以增加焦点性的强调，通常应用一点点色彩而不是飘带形团块。在普日萨德费花园设计中呈现出的柔和的冷色调值得关注，她选择了牛舌草（anchusa）、山羊豆（galega）以及大量的直立铁线莲（*Clematis recta*），而并没有应用更醒目的、粗大的丝兰（yucca）或是美人蕉（canna）。每个圆形的植物团块都被精心布置，以强调种植的柔和韵律，并引导出周围植物的观赏特点——或是明亮的色彩，或是开敞而充满阳光，或是令人愉悦的淡彩。

玛什斯（Marshes）花园位于伯克郡的威洛布鲁克，其中的一个花境是杰基尔小姐所设计的最有趣的彩色花境。没有什么比橙色花境和蕨类植物的小路更具有与众不同的特点。然而，蕨类植物细嫩的绿色与火把莲（red-hot poker）粗大的橙色花序搭配在一起，各方有着各自的光彩。在玛什斯花园，这两种植物被组合在一起，呈现出优美的效果。这个花境非常有趣，组合中的所有植物都是宿根花卉，没有应用金鱼草（antirrhinum）或藿香蓟（ageratum）甚至是橙色的万寿菊（marigold）作为填充植物。

周围环境也很重要。跨过小溪上的一道简易桥，一段短而陡峭的台阶从高高的月桂树（laurel）绿篱中降落，实际上是一条凉爽的绿色山谷。在到达中央水池处宽而圆的草坪之前，随着对应式花境的宽度从1.5m扩展为接近6m，两侧的绿篱逐渐退后。

花境的植物配置以相对安静的色彩开始：优雅的荚果蕨（shuttlecock

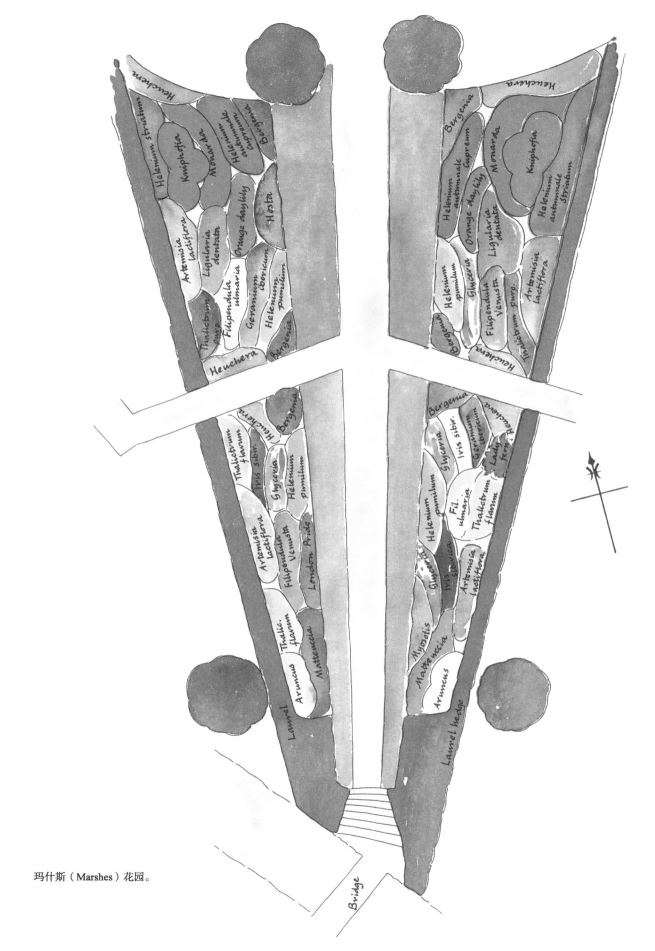

玛什斯（Marshes）花园。

fern, *Matteuccia struthiopteris*）长长的组团，在夏季以绿白色的假升麻（*Aruncus dioicus*）叶丛为背景；在春季，蕨类植物出现前，精致色彩的伦敦虎耳草（London pride）和雾散状植丛的勿忘我（forget-me-not）点缀边缘。白苞蒿（*Artemisia lactiflora*）、中等绿色的红花蚊子草（*Filipendula rubra* 'Venusta'）以及漂亮的浅绿色的黄花唐松草（*Thalictrum flavum*）羽毛般亮丽的花头上有着各自的变化，它们沿着小山谷把蕨类步道的感觉延续到了花境近一半的地方。在这儿，一条插入的道路把花园一分为二，边缘种植着矾根（heuchera），角上种植着深色的岩白菜（bergenia）。

然而，这条道路之前，较亮的色彩已经开始出现——蓝色和白色的西伯利亚鸢尾（*Iris sibirica*）、利比里亚老鹳草（*Geranium ibericum*）以及小堆心菊（*Helenium pumilum*），小堆心菊是一种明亮的但呈黄绿色的植物，尽管有着强烈的色彩，但在花荫处可以很好地融入浅绿色中。大片的条纹状甜茅（glyceria）和蹄盖蕨（lady fern）、大理石花纹状叶的矾根（heuchera）以及深绿色的岩白菜（bergenia）足可以吸收这些偶然出现的亮色。

过了交叉路口后，花境逐渐增宽，色彩逐渐增强。虽然还有着旋果蚊子草（*Filipendula ulmaria*）和红花蚊子草（*Filipendula rubra* 'Venusta'）形成的大框架，但是蒿（artemisia）、矾根（heuchera）以及条纹状的甜茅（glyceria）和圆叶玉簪（*Hosta sieboldiana*）组成了华丽的色彩。每个花境的中央部位都种植了高高的火炬花（kniphofia），鲜红色的美国薄荷（monarda）的飘带形团块种植在粗大的橙色火炬花团块周围，在其后种植高高的金黄色和深红色的堆心菊（helenium）。在前缘种植的是较低矮的铜色的堆心菊、橙色的萱草（daylily）以及齿叶囊吾（*Ligularia dentata*）。齿叶囊吾是最漂亮的水边植物之一，在大型的紫绿色叶子上开着深铬黄色、近乎橙色的花。

除了主要部分鲜艳夺目的色彩以外，小堆心菊（*Helenium pumilum*）的应用使得色彩重新回归宁静；长条形团块的利比里亚老鹳草（*Geranium ibericum*）以柔和色调作为对比，与此相呼应地还有绿篱前漂亮的紫色唐松草（thalictrum）组团。经过这些灵巧的设计，整个方案统一成了一幅独特的画面，从池塘和草坪看去，冷绿色和象牙色逐渐转换为热烈的橙色和红色景观。

当然，从另一个角度去看，这个花境呈现出一幅不同的甚至可能更为迷人的画面，因为逐渐变窄的花境和草地边缘产生了视错觉，增强了亮丽的色彩退入绿地深处的感觉。

奶油黄色和铜红色的堆心菊（helenium）作为浅黄色至橙色和红色的过渡。在杰基尔小姐为威洛布鲁克的玛什斯花园（Marshes）所做的设计中，将圆球形的堆心菊作为尖塔形火炬花（kniphofia）的背景。（上图）

齿叶囊吾（*Ligularia dentata*）深黄色的花以及粗大的紫绿色叶子，为这个湿生的花境提供了强烈而色彩丰富的焦点。（下图）

规则式花园

模式与种植

巴斯布里奇花园，萨里郡（Busbridge Park, Surrey）

普日萨德费，圭内斯郡（Presaddfed, Gwynedd）

小卡姆布莱，斯特莱斯克莱德郡（Little Cumbrae, Strathclyde）

哈斯考姆庭院，萨里郡（Hascombe Court, Surrey）

赫斯特考姆，萨默塞特郡（Hestercombe, Somerset）

当讨论杰基尔的花园时，"规则式花园"这个词会引发问题，毕竟规则式花园和风景式花园之间互相对立，两者之间的流派之争非常激烈。而克里斯托弗·赫西认为杰基尔小姐和埃德温·路特恩斯设计的规则式花园是对规则式和自然式流派之间争论的裁决，是他们对花园设计作出的巨大贡献。当将杰基尔和路特恩斯设计的花园作为一个整体欣赏时，会发现"规则式"一词有问题的方面被调和了。本身呈几何形的各个部分组团被布置得稍微不对称，植物伸出场地，类似当地的园艺传统，整体效果呈现为迷人的非对称式。这样的花园是规则式还是不规则式？或许令人惊讶，解答这个难题的线索来自于威廉·罗宾逊自己，"当花园中的植物都严格地以几何形布局时，如花坛一样，'规则式'这个词正好适用。"当这个术语的应用从"规则式花园"转变为"规则式种植"时，或许这种无益的争论不会出现。

由杰基尔设计的花园，甚至可以说是她为建筑师种植的花园，花园大部分是由几何形的种植部分组成——方形的、矩形的、八边形的和圆形，但却没有严格地按照几何图式去排列种植大量的花坛植物。杰基尔小姐喜欢一年生植物和"花坛植物"。她会根据环境的不同而巧妙地运用它们。杰基尔小姐很反感将同一色彩的植物成千上万地种植在方块中，就像是罗列工业产品一样。此外，她赞同罗宾逊对在房屋附近以"移来移去的园艺方式"进行造园的指责：这样会出现一年两次栽植上的混乱，而后又会出现光秃的土地，在夏初的几个星期，植物嫩苗之间存在很大的空隙，植物组合上的效果空荡荡，在下一轮种植前没有时间让植物生长去弥合这些缺憾。路特恩斯本土化的房屋和花园显得更为人性化，在特征上比维多利亚时期彩饰砖瓦的哥特式别墅更为柔和，所以杰基尔小姐选择效果持久的植物以柔和、流动性的组团来缓和花园中建筑上的结构。

巴斯布里奇花园（Busbridge Park，离芒斯特德只有1英里左右）的设计方案是杰基尔的花园设计中为数不多的复杂几何形的案例：四分结构的花坛。花园的建筑师是欧内斯特·乔治，但是线条试图确立精细细节的草绘特征说明这是杰基尔的设计，而非出自建筑师的手笔。当然，同样的模式于七年后在汉普郡的伍德考特（Woodcott）花园中再次应用，在那儿杰基尔小姐与当地的建筑师科瑞克曼和桑斯合作。但没有一个案例是花坛式的种植设计。

杰基尔在萨里郡设计的另一个方案在布莱姆雷园（Bramley Park）中，是一个八边形的马鞭草（verbena）花园。雕塑般的美人蕉（canna）和玉米（maize）组团交替出现在植坛中，周围简单地种满了蔓生的马鞭

相对于埃德温·路特恩斯的赫斯特考姆规则式花园中的精巧几何形状来说，杰基尔的种植设计更为粗犷和流畅。光洁的岩白菜（bergenia）镶边围合着月季和深色叶芍药（peony），这三种植物一起提供了花期连续的粉色花。粗大的芒（miscanthus）团块和尖塔形的翠雀花（delphinium）在如此大的尺度下提供了必要的高度。（上页图）

位于诺曼底的勒·穆奇（Les Moutiers）花园中，高贵的白色百合状的郁金香亮显在路特恩斯设计的深色紫杉篱墙前。在背景处可以看到杰基尔小姐喜欢的欧洲荚蒾（guelder rose）的白色花球，在这里被修剪成标准的树形。

草。另一个值得称赞的规则式种植案例是为雷尼绍的乔治·希特维尔先生设计的。当时，路特恩斯在雷尼绍为希特维尔工作时有一些困难，因为希特维尔是《意大利文艺复兴时期的花园》一书的作者，在建筑与花园方面有着非常明确的想法，自然会有争论。雷尼绍的"绿色步道"设计几乎就是希特维尔所做，但杰基尔小姐为那些长矩形种植床以及小圆形种植床里的种植提出了建议。在矩形种植床中，可轮换地使用美人蕉（canna）和大丽花（dahlia），再以非洲万寿菊（African marigold）、钓钟柳（penstemon）和长蕊鼠尾草（Salvia patens）作为镶边，形成黄色、红色和蓝色的区域。将每个圆形种植床划分成六个螺旋形的部分。在其中的三个部分穿插种植绵毛水苏（Stachys byzantina）；再在其他三个部分穿插种植藿香蓟（ageratum）、福禄考（Phlox drummondii）或是'海德威'石竹（Dianthus chinensis 'Heddewigii'），就像是小孩的风车一样。

在建筑师设计的几何形过于复杂时，杰基尔小姐会让它们那些形式自我展现，采取最为简单的种植方式。例如，在伯克郡的佛利农场（Folly Farm），路特恩斯设计的圆形下沉花园中，有一个非常复杂的结节形的圆形场地，中央的岛上只是种植了薰衣草（lavender），池塘四周的种植池中只是种植了低矮的月季。在赫斯特考姆（hestercombe）的大平地上，相对来说尺度更大，具有精致的细节但设计却相对简单，杰基尔采用较为复杂的种植设计，在地毯似的福禄考（*Phlox drummondii*）中种植了芍药（peony）、翠雀花（delphinium）、美人蕉（canna）、条纹叶的玉米（maize）团块，以营造和谐的色彩。

在普日萨德费也有这样饶有兴趣的规则式花园，它们有着更为典型的杰基尔式手法，在很多方面体现了她的设计风格。两个简单几何形的花园并置，两个部分又成了更大、更为复杂的花园整体的一部分。较小的部分主要体现初夏景观，设计成鸢尾（iris）和芍药（peony）的花园，并且在鸢尾飘带形团块中交织种植了中国月季。深色的紫杉（yew）绿篱围合，深色的镶边植物是整齐、丛生的伦敦虎耳草（London pride）（叶缘有一点霜白会非常美）和有着优雅清新、半常绿、肾形叶植丛的细辛（asarum），它们确立了花园终年的景观基调。在春天，这种深色的组合被红色芍药的嫩叶和中国月季透亮的叶子所补充，成为新长出的鸢尾（iris）扇形灰色叶子的完美背景。初夏，花园景观最好，白色、红色和粉色芍药杂乱地开放着，巨大的花头让精心支撑的花茎不堪重负而弯曲，颜色上与完全不同的鸢尾相协调。浅蓝色、浅黄色和白色的鸢尾花朵从笔直茎干顶端的尖芽中展开，有着雕塑般的效果。在种有奶白色的

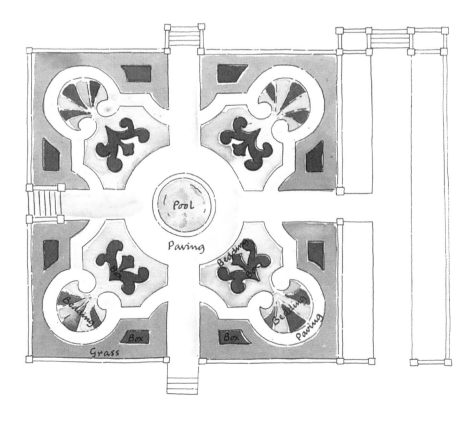

巴斯布里奇花园（Busbridge Park）中的四分之一花坛。

81

'女公爵'芍药（Paeony 'Duchesse de Nemours'）以及浅蓝色的'佩尔·卡帕尼'鸢尾（*Iris* 'Pale Caparne'）的中心植床周围，伦敦虎耳草（London pride）开放着不计其数的脉纹状粉色花头，遮掩着它的丛生叶。在两三个星期内，这个小花园都呈现出无与伦比的美丽画面，在芍药（peony）花瓣掉落和鸢尾花朵枯萎之前，都展现了初夏景观的精华。然而此时，月季的精美花朵刚开始在细弱的枝条上出现，毫无妨碍却又很有效果地在周围逐渐枯败的花卉中伸展。那些显眼的芍药暗色叶组团和鸢尾较浅的剑形叶有了新的作用，芍药衬托了月季的弱粉色花，鸢尾的灰色叶可以在英国夏季不断变化的光线条件下与月季花相协调。后来，芍药的叶子还会披上丰富的秋色，之后被修剪、清理，呈现出冬天肃静的景色。

第二个较大一点的部分充分表现了杰基尔配置夏天景观的手法。四个长条形的植床中各种植两丛火炬花（kniphofia），在每边弧形的植床中种植三丛火炬花，产生了有规律的节奏和整个设计的稳定框架。火炬花之间种植着生长良好、色彩丰富的大丽花（dahlia），在长方形的植床里种植深红色的'火国王'大丽花（*Dahlia* 'Fire King'），在两端弧形的植床里种植颜色较浅的'橙色火国王'大丽花（*Dahlia* 'Orange Fire King'）。橙色的非洲万寿菊（African marigold）穿插于其中，它们在四个长方形的植坛里种植成长飘带形，弯曲优美，但是在布局上完全对称。唐菖蒲（gladiolus）矮小、坚挺的轮廓呼应着这些圆球状植物组成的长条形，有杰基尔较为常用的深红色布伦奇利唐菖蒲（*Gladiolus* ×

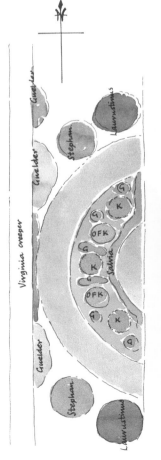

普日萨德费规则式花园，圭内斯郡。

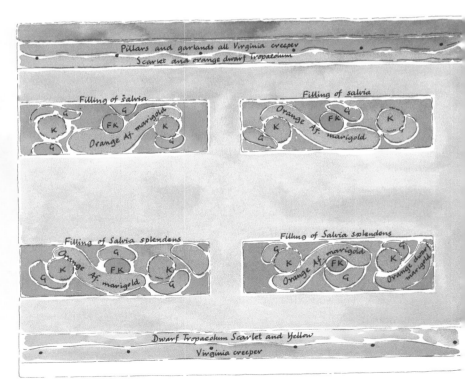

brenchleyensis）。周围和中间填充着深红色的鼠尾草（salvia），这是广泛用于花坛中的植物，花期很长的火红色花穗为形状和色彩上富于变化却又统一的植物组合提供了基调。

中间部分花床里的种植复杂、色彩丰富和令人愉悦，但不能孤立存在。花园外边缘的窄长花境里种满了深红色和黄色旱金莲（nasturtium），以黄色的简单条带重复和增亮了中间植床里的色彩。在旱金莲上垂落着五叶地锦（Virginia creeper），五叶地锦沿着规则布置的柱子攀爬和蔓延，很优美。这是精心设计的组合，因为在夏季，每个支柱上都蔓延着新的黄绿色叶子，五叶地锦与下面淡黄色的旱金莲非常协调并呈现绿色幕布的效果，正好是红色的补色，强调了中心色彩组合。当秋季来临，五叶地锦变成深绿色，与大丽花（dahlia）的叶子相搭配，之后变成绯红色，使得整个花园呈现出火红的色彩。在花园的尽头，墙上更多的五叶地锦和欧洲荚蒾（guelder rose）重复了画面的组合：在夏季，嫩嫩的浅绿色强调了中央花境的红色，在秋季叶子和果变为更热烈的色彩。在两边都种植着地中海荚蒾（laurustinus）作为不变的深绿色基调，以便能更好地感知色彩的季节性变化。

小卡姆布莱（Little Cumbrae）花园坐落于斯特莱斯克莱德海岸附近的小岛上，其中的四分结构花园是一个设计简单近乎规则式种植的案例，使用强烈的色彩表达出了精彩的变化。对这个设计的最初印象是红色——种植了大丽花（dahlia）和钓钟柳（penstemon）、深色的美人蕉

在珀里斯登·雷西（Polesden Lacey）花园中，大量的浅色鸢尾（iris）种植在深色紫杉绿篱前。甚至在主花期结束后，它们灰绿色的叶子还有一种宁静的美。

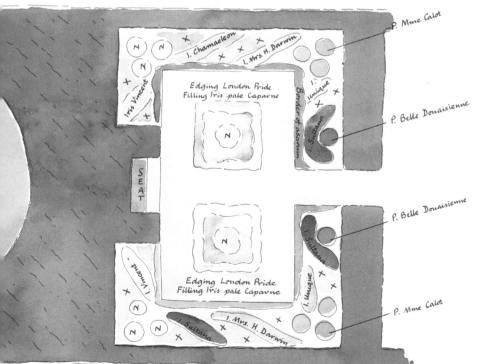

在小卡姆布莱（Little Cumbrae）的规则式花园中，棕色叶的蓖麻（ricinus）、香蕉状叶的美人蕉（canna）和亮红色的大丽花（dahlia）形成了一种热烈的和谐感。它们丰富的色彩能从早夏一直持续到初霜。在克么堂（Kemerton）花园的种植中，组合里补充种植了美国薄荷（monarda）和雄黄兰（crocosmia），这两种植物都是宿根花卉但是花期较短。

（canna）、鲜红色的唐菖蒲（gladiolus）以及红色的秋海棠（begonia）。第一感觉之后的印象就是设计的秩序感，即许多亮色的应用。在每个四分之一部分的中央，三株成组地种植'胭脂红'大丽花（*Dahlia* 'Cochineal'），与种植床外围的三个部分相连接，其中种植棕色叶的蓖麻（ricinus），两边种植深色的老鼠簕（acanthus）和岩白菜（bergenia），第三个部分中种植美人蕉、老鼠簕和岩白菜。这种三翼的造型被更多的大丽花和美人蕉加强了，最后在两株月桂树（bay）下填充进红色的钓钟柳（penstemon）和深色的唐菖蒲以及蒂立景天（*Sedum telephium*）和红色的岩白菜。

蒂立景天"巧克力色的宽大花头"与棕红色的美人蕉（canna）、蓖麻（ricinus）和大丽花（dahlia）的叶子一起在初秋呈现了良好的景观。这代表了杰基尔小姐经常使用的搭配方式，用更深的色调强调明亮的花色，这种做法既增强了整体效果又无可估量地获得了色彩的协调感。应用叶子宽大、深色而光滑的岩白菜（bergenia）来衬托开花植物也是杰基尔的典型手法（经常像这里的用法一样去强调节奏）。

在小卡姆布莱花园中，老鼠簕（acanthus）用来搭配岩白菜（bergenia），叶色上与其相似，深裂的轮廓相当醒目，有着漂亮的棕色叶子，株高介于岩白菜和蓖麻（castor oil plant）之间。在晚夏，老鼠簕更为漂亮，粗壮花穗上的白色花遮盖在紫色的花萼中，对主色调形成很好的陪衬，这是对双色花特别巧妙的使用。

四个种植床的内部边缘，不再是橙色和红色的色彩组合，而是形成了白色和黄色的清新画面。如同在周边一样，岩白菜（bergenia）沿着内边缘点缀着亮色的种植，它把白色岩白菜、嫩绿色和白色的圆叶薄荷（apple mint）分隔开。（说明中指出需要修剪薄荷以保持它的紧凑外形和鲜亮色彩）黄色的岩白菜、白色的唐菖蒲（gladiolus）、浅黄色的非洲万寿菊（African marigold）、白色和黄色的大丽花（dahlia）组成了每个四分之一部分的中心点，在角落处种植的条纹叶的玉米（maize）和浅黄色叶的美人蕉（canna）为整个画面增添了强烈的清新感，而且这种清新感被深色蓖麻（castor oil plant）和遮挡在后面的深色老鼠簕（acanthus）对比加强了。种植老鼠簕的灵巧效果很显著：在两个色彩对比明显的植物组团的结合处，老鼠簕以深色的叶子、包裹着的花萼和白

小卡姆布莱（Little Cumbrae）规则式花园四分之一部分的景观，位于斯特莱斯克莱德。

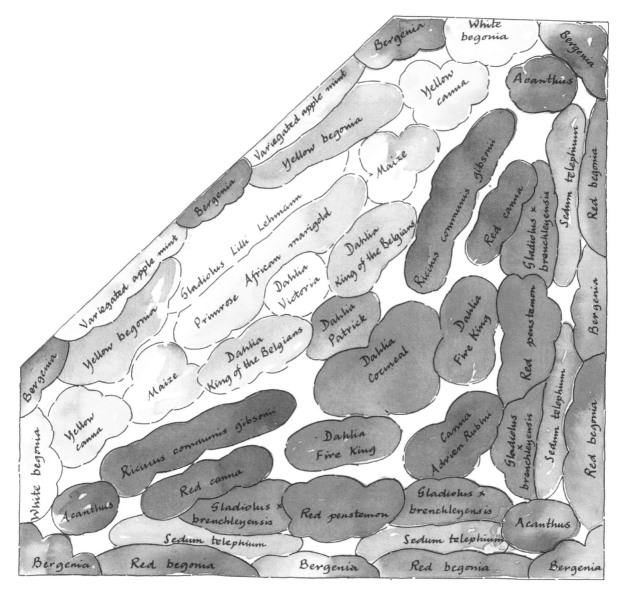

倒挂金钟（fuchsia）在杰基尔小姐的大量种植设计中都占有极为重要的角色。从夏季到秋季，它漂亮的红色和紫色下垂花朵使得深色的枝条优雅地弯曲着。这种简单的迷人景观非常适用于野生花园或是如同在哈斯考姆庭院（Hascombe Court）的规则式花园中的使用方式。'珀普尔'（Fuchsia 'Mrs Popple'）品种比细短筒倒挂金钟（Fuchsia magellanica var. gracilis）更矮也更具有坚实的外形，但两者耐寒性相同，是一种现今流行的栽培品种。

萨里郡的哈斯考姆庭院（Hascombe Court）花园的两个方案 （下页下图）

色的管状花与两边相结合。

小卡姆布莱的四分形小花园阐释了杰基尔种植很重要的一个方面，设计意识下往往隐藏着琢磨不透的实际经验。这来源于她作为画家对色彩的理解，任何色彩都和周围的色彩相关联。

这种理解使她在完全不同的场景下去应用一些特别的植物——如丝兰（yucca）和迷迭香（rosemary）。在芒斯特德·伍德的花境中，丝兰（yucca）和迷迭香（rosemary）周围种植了灰色和蓝色的植物；在格雷斯伍德山的堤坡上，丝兰和迷迭香应用于岩蔷薇（cistus）和大戟（euphorbia）之中。这些使用方式让丝兰、迷迭香与周围的色彩相协调，获得了一种柔和感。然而，在布莱肯布鲁花园的花境中，丝兰被种植在美人蕉（canna）、鲜红色的大丽花（dahlia）和唐菖蒲（gladiolus）之中，形成一幅深色华丽的画面。在许多设计方案中，迷迭香同时处于深色和浅色的植物组合中，例如，它硬硬的小叶子与花境一端的地中海荚蒾（laurustinus）和另一端灰色叶的鸢尾（iris）相搭配都非常协调。

这种颇费心机的做法可以更好地解释那些对杰基尔小姐的设计长久不衰、不断增长的痴迷。这里对杰基尔设计艺术想当然的理解，也可以解释她那种近规则式种植设计的奥妙。纯粹对称式的模式能很快被理解，但也会很快变得乏味。近对称式会激发人们的好奇心，当然包括近对称式的人体和脸；从不同的方位欣赏会呈现新的特征，趣味性得以保持。

小卡姆布莱花园，一个少有的完全对称的例子（尽管只有一条轴线），色彩的使用是个谜团。其奥妙在于两个完全对比的色彩组合？外面为炽热的橙红色，里面为冰冷的黄白色。或是在从暗红色、橙红色逐渐变化到白色中心的色彩序列中，符合逻辑地使用了黄色和白色，就像是火焰的火心部分？这儿没有答案，似是而非的感觉产生了无尽的乐趣。

普日萨德费和小卡姆布莱中的规则式花园都十分精致，华丽的种植设计比周围环境显得更为重要。但在杰基尔小姐的设计方案中，有规则式种植的第二种风格，这种风格常应用于房屋旁大型铺装里的小矩形种植床。在那里，保持简单的效果和终年的景观最为重要，而且这些组合为需要保持终年效果的花园提供了宝贵的设计思想：例如，小的前庭花园中央的部位，或者在规则式泳池周边的铺装上设置低维护的种植床。

位于萨里郡的哈斯考姆庭院（Hascombe Court），有两个小型的设计都是这样的典型。在第一个设计中，于四个L形的种植床之间种植了高高的拱形灌木'快乐'倒挂金钟（*Fuchsia* 'Delight'），形成中心焦

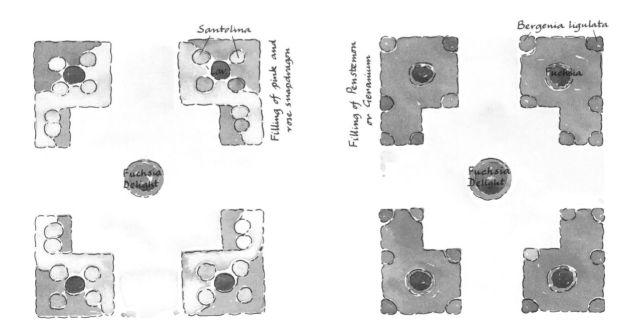

点。每个L形的较大部分又有自己的中心焦点，即在圆形灰色的薰衣草（lavender）的组团两侧对称种植了四株浅灰色的神圣亚麻（santolina）。再种植两株以上的神圣亚麻填充了每个L形的两边，限定了穿过小花园的视线，以灰色圆球形植株组成的八边形组团围合着倒挂金钟。在春季通过必要的修剪以及摘除黄色花芽使得神圣亚麻的植株保持紧凑，这种宿根植物将会生长并融入松散的、多样的灰色骨架中，与倒挂金钟优美的下垂花头相协调，尤其是当薰衣草也开花时，搭配的景观效果最佳。为了填充种植床的外围部分以及完成这个和谐而持久的景观，杰基尔小姐建议使用粉色和玫红色的金鱼草（antirrhinum）。她为了春天的色彩可能还增加了浅黄色或紫色的桂竹香（wallflower）或浅蓝色的勿忘我（forget-me-not）。

'快乐'倒挂金钟（*Fuchsia* 'Delight'）是第二个小花园的中心焦点，也许是因为花园位于轴线上，所以两株倒挂金钟看起来在中心线上。在第二个例子当中，倒挂金钟也是四分花园的中心焦点。没有给出这个栽培品种的名称，但杰基尔小姐在这样的场合通常会应用细短筒倒挂金钟（*Fuchsia magellanica* var. *gracilis*），除非所有者表明已有其他栽培品种了。因为这种倒挂金钟的深色叶和深紫红色的花比周边的灰色叶有更强烈的表现，所以在每个边角种植了舌状岩白菜（*Bergenia ligulata*），它宽大而轮廓优美的叶子提供了中间色调。在第二个小花园中，岩白菜（bergenia）被用来强调边角而不是种植床的骨架，比在第一个花园中有着更强烈的类似音乐上断奏的效果。此外，钓钟柳（penstemon）或老鹳草（geranium）都用来作为填充种植，毫无疑问，红色的钓钟柳、鲜红色或红色的老鹳草都是用来增加亮色的。

其他的小型花园中，比如在萨里郡，米德赫斯特的爱德华七世国王疗养院（King Edward Ⅶ Sanatorium）的一个规则式的小花园中，丝兰（yucca）和神圣亚麻（santolina）、薰衣草（lavender）和星花木兰（*Magnolia stellata*）、火炬花（kniphofia）和猫薄荷（catmint）等都以简单的、规则的结构种植，以它们柔和的形状、优美的轮廓来营造持久满意的效果。要么完全自我组合，要么作为多彩的一年生植物的框架和骨架。在兰开夏郡的艾克灵顿，戴克·努克·洛奇（Dyke Nook Lodge）花园的灌木小路上，柱形的爱尔兰紫衫（Irish yew）和圆球形的星花木兰（*Magnolia stellata*）沿着长长的对应式花境节奏性地种植，为铺展在脚下的大片草本植物提供了秩序感。普日萨德费花园也有同样的特征，在灌木步道矩形地块的角落处交替种植木兰（magnolia）和墨西哥橘（*Choisya ternata*），每个角以花叶爬行卫矛（*Euonymus fortunei* var.

radicans 'Variegatus'）、高山玫瑰杜鹃花（*Rhododendron ferrugineum*）和黄杨叶拟婆婆纳（*Hebe buxifolia*）镶边。

显然，规则式和不规则式在杰基尔的花园设计中并不是相互对立的，而是一个变化序列的两端，这个序列可以弯曲成一个整圆，让两者相会。

在萨默塞特郡，赫斯特考姆住宅（Hestercombe）的东园是规则式和不规则式两者结合的最好案例。这个花园的几何形是路特恩斯设计的最好玩的图形，面积小却复杂组合了圆形、方形和菱形。花园的铺装路

赫斯特考姆花园（Hestercombe）是杰基尔和路特恩斯成功合作的绝佳案例。"任奈杉斯"橘园（'wrennaissance' orangery）的设计是为克里斯托弗·任先生而做，路特恩斯设计的几何形体现在草地和铺装上，延续到了作为花园骨架的墙体和台阶上，而杰基尔小姐则约束着种植对建筑线条的柔化。

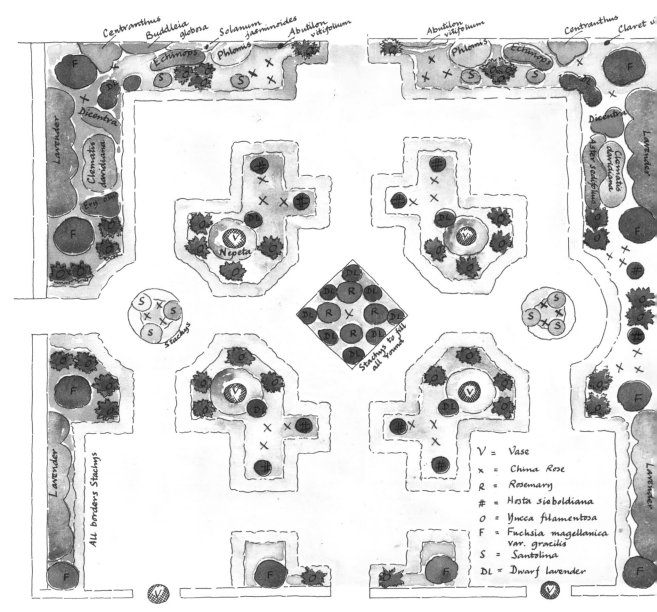

The gardener please grow Ageratum houstonianum tall and dwarf Trachelium caeruleum for filling
and sow where marked red Suttons double rose Godetia
Snapdragons white, pale yellow and pale pink to fill

赫斯特考姆（Hestercombe）的东花园，位于萨默塞特郡。

面很规则，但四个主要的种植床却是不对称的。然而，从有秩序到随意的种植，完全满足了几何图形的要求，成功装饰了花园。

小圆形的种植床里，中国月季（China rose）周围种植了水苏（stachys）和神圣亚麻（santolina）；花园中央面积较大些的菱形种植床里，种植了迷迭香（rosemary）和低矮的薰衣草（lavender）。种植方式都是完美的对称式。主植床的里层，种植着小的丝兰（yucca），周围种植着荆芥（nepeta），都是有秩序的种植但却不完全对称：它们与种植床剩余部分里种植的柔和形状的中国月季和玉簪（hosta）不同，但色彩上有联系。每个种植床中矮生的薰衣草也联系着两个部分，而且都以水苏作为连续的镶边。

　　中间种植床的各部分都与周边的花境相连，两三株成丛变换种植的丝兰（yucca）和月季（rose）确立了它们各自的节奏，并与中心种植床相呼应。与它们混种在一起的有薰衣草（lavender）和倒挂金钟（fuchsia）、刺芹（eryngium）和蓝刺头（echinop）等所有蓝紫色植物，以及荷包牡丹（dicentra）和缬草（centranthus）等粉色植物。种在一起的还有开蓝灰色花的大卫铁线莲（*Clematis heracleifolia* var. *davidiana*）和蓝灰色叶的玉簪（hosta）。

在赫斯特考姆（Hestercombe）的橘园附近种植了大量灰色叶和紫色花植物，以和谐的色彩装饰着地面。水苏（stachys）以灰蒙蒙的银色带为种植床镶边，尖刺的丝兰（yucca）给予了细微的规则性。

在赫斯特考姆（Hestercombe），大量球形花头的'维茨蓝'硬叶蓝刺头（*Echinops ritro* 'Veitch's Blue'）非常适合种植在路特恩斯复杂的几何形栏杆前。蓝刺头（echinop）的深绿色锯齿状叶与周围的薰衣草（lavender）和其他灰色叶植物搭配形成柔和的色彩。

　　大丛的橙花糙苏（*Phlomis fruticosa*）装饰了花园入口的两边，它淡黄色的花朵与整体上的蓝灰色调形成对比，但对比却不是很强烈，因为在每边都加入了浅粉色的中国月季（China rose）。墙体为球花醉鱼草（*Buddleja globosa*）开展的植株提供了支撑，这是一种肌理很粗糙的植物，但在这里很适合依靠温暖的棕灰色石墙展示它的灰色叶和亮橙黄色的球状花。享用着温暖石墙的植物还有素馨茄（*Solanum jasminoides*）、葡萄叶苘麻（*Abutilon vitifolium*）和暗紫红色的葡萄（vine）。葡萄较深色的叶子终年发生变化，从夏季的棕色变为秋季的紫红色，可与附近倒挂金钟（fuchsia）的生动色彩相媲美。

　　这个色彩柔和而又变化多样的花园设计令人喜爱，从没有过于严格控制却不偏离规则形式。它能够让大多数有鉴赏力的园艺者心满意足，但在杰基尔小姐看来还不行。成百上千的白色、浅黄色和浅粉色的金鱼草（snapdragon）被用来"填充"植床，也出于同样的目的，她还要求园艺工人种植淡蓝色的藿香蓟（ageratum）和喉草（*Trachelium caeruleum*），以及在任何剩余空间中播种高代花（godetia）。显然，在这个漂亮的花园中没有一寸土地会被浪费！

月季花园

简单中蕴涵着丰富的变化

利特·阿斯顿，靠近伯明翰（Little Aston，Birmingham）

桑德伯恩，伍斯特郡（Sandbourne，Worcestershire）

路特恩斯在佛利农场（Folly Farm）所设计的圆形花园中，种植着现代多花月季（Modern Floribunda rose）——一种低矮的、抗病力强、常年开花的品种，取代了杰基尔原先的种植，然而杰基尔小姐在复杂几何形花园中采取简单种植方式的原则并没有改变。

在赫斯特考姆（Hestercombe）凉棚的柱和梁上，玫瑰芳香的花朵与浅色的景石、木制品自然地融合在一起。（上页图）

人们致力于在花园中精心培育杂种长春月季（Hybrid Perpetual rose）、杂交茶香月季（Hybrid Tea rose），并且在20世纪后期，多花月季（Floribunda rose）开始应用在了植株柔弱的规则式宿根花卉种植床和开花茂密持久的灌木花境之间。这些月季花园给园丁提出了特别的难题：它们既没有花坛植物集中开花的特点，又缺乏灌木丰满而持久的株形。然而，月季具备独特的魅力，它们优雅的花蕾、丰富的花色、沁人心脾的花香、浪漫的内涵以及长久的花期为它们在花园中赢得了特殊地位。场地通常设计成规则式，里面几乎全部种植月季，植物密植以确保在任何时间都可以营造出繁花似锦、花色浓郁的预期效果。这种集中的种植模式也简化了植物的管理，这些植物需要精心培育，容易患蚜虫和叶蜂等虫害，还易感染真菌。

也许，月季花园设计中的最大问题在于必须在多样与简单之间作出抉择。对月季新品种的研究可以保证在任何时候都能获得大量的栽培品种。然而，规则式花园的局限性来自于对称的布局以及由此产生的简单效果。这种传统的方式，即每一种植床中只种植同一品种的植物，在一定程度上能满足简单的要求，但只有通过品种间色彩及生长形态的不同才能强调出不对称的变化效果。

　　月季花有诸如亮黄色、粉色、琥珀色以及其他很多种颜色，而杰基尔小姐并没有在色彩搭配上遇到困难。因为她主要运用色彩柔和的、较古老的月季，这样在某种程度上避开了这个难题。走在花园的浅色沙石路上，杰基尔承认"在多年努力无果后，不得不说我试图从杂交四季月季系列中培育大花月季的尝试是失败的……这些月季喜欢的肥沃壤土来自于数英里外的维尔德，需要驾驶运货车走四小时的山路，而且运费相当昂贵，以至

开鲜红色花的'福任山姆'多花小月季（Polyantha rose 'Frensham'），与紫叶的滨藜（atriplex）、黄栌（cotinus）和小檗（berberis）配置在一起，形成了格洛斯特郡凯夫茨盖特（Kiftsgate Court）花园中花境的火红视觉焦点。

于每次运到时，我宁愿用小勺铲土而不是铁锹"，即便这种壤土可以大量使用，相比月季种植床下60m长的干沙而言还是显得微不足道。

然而，她为别人设计的许多花园中，月季园是不可缺少的，毫无疑问，她的一些客户家中有马厩，可以提供大量有机肥料以弥补土壤肥力的不足。杰基尔小姐对月季园的处理手法给现代花园的设计提供了许多参考。

多数月季存在的一个最主要的问题是，即便它们开着美丽的花朵，却往往难以成为美丽的植物。因为许多月季漂亮的花朵都长在十分难看的枝条上。杰基尔小姐解决这个难题的办法是：将不同品种的月季种植在同一种植床中，而且除了月季之外，还特别加入了灰色叶植物和华丽的中国芍药（peony）以改善种植效果。

芍药的价值在于它的花期早于月季，这样就延长了花园的观赏期。它们的花期，虽然短暂，但是花朵华丽而醒目，而且带光泽的漂亮叶子能与月季叶子的色彩和肌理相呼应。但是在更为浓密的叶丛中，许多品种的叶子在秋季掉落前会呈现出红色和紫色。所以，即便没有花朵这一有利条件，芍药仍然是月季的绝配。

与此相反，灰色叶植物可以提供细腻的质感以及柔和的色彩，与月季花的各种色彩相协调。而且，如果这些灰色叶子上还有色彩同样协调

利特·阿斯顿花园中的月季园，在伯明翰附近。

Y. fil = Yucca filamentosa
Y. rec = Yucca recurrifolia
Y. glor = Yucca gloriosa
P = Peony

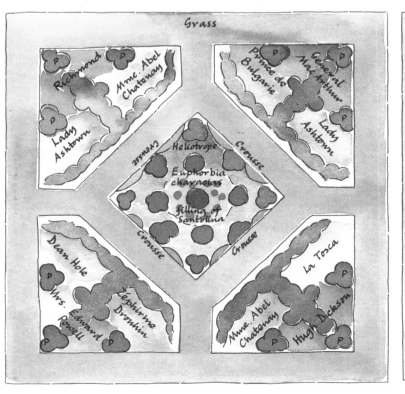

的花——紫穗薰衣草（lavender）、浅灰色猫薄荷（catmint）以及暗粉色水苏（stachys），那就一举两得了。此外，许多灰色叶植物全年都长有叶，在月季只剩裸枝时，还可以装饰花园。月季园也许是为了展示月季而设计的，但在其他季节，花园同样要有吸引力。

位于伯明翰附近，利特·阿斯顿（Little Aston）花园中有一处花坛，正是将这些设计原则付诸实践的精彩案例。仅从它的形式就可以充分证明这些原则：在一块铺装场地上设置着三块草坪。两侧的草坪分别被切割成五个植床，植床间恰好形成狭窄的小路。中央草坪保持完整，在中央留有一块铺装，它的形状和两边草坪中央的植床形状一样，看起来仿佛一块钻石。在铺装场地上可以设置日晷或者其他硬质装饰物。

两块花卉种植区中央形成的钻石形植床具有同样的种植特点（在平面图上将两块种植床的植物分别进行标注）。并没有种植月季，而是种植了尖塔形的凤尾兰——中间种植着凤尾兰（*Yucca gloriosa*），对着四个角环绕种植着弯叶丝兰（*Yucca recurvifolia*），靠近边缘种植着丝兰（*Yucca filamentosa*）镶边。在这些尖锐的丝兰属植物之间，种植神圣亚麻（santolina）植物和灰白色天芥菜（heliotrope）来提供大量流动的柔和色彩，在植床边缘种植了类似常春藤叶的'克劳斯夫人'天竺葵（*Pelargonium* 'Madame Crousse'）。外围的四块种植床都种植月季，在植

杰基尔小姐时代的2种月季，（上图）搭配白花毛剪秋萝（Lychnis coronaria alba）的中国月季'伊卫姆·瓦特'（'Irène Watts'），（下图）和杂种长春月季'迪黑克特·阿尔方德'（Hybrid Perpetual 'Directeur Alphand'）。在利特·阿斯顿花园中，月季与丝兰（yuccas）芍药（peony）组合在一起。

（下图）在伍斯特郡的桑德伯恩花园中，杰基尔小姐在月季园规划图中使用了3种月季。（上图）'库拜厄特月'（'Blanc Double de Coubert'），有着褶皱的苹果绿色的叶子，落落大方地散落着冷白色的花朵；（下页上左图）'扎克菲林内·州欣'（'Zéphirine Drouhin'），需要压低催生花朵；（下页上右图），'休·迪克森'（'Hugh Dickson'），已知的最红艳的一种月季。

床内部的小径边上布局了水苏（stachys）和薰衣草（lavender），而且更多的薰衣草种植在中间作为各个种植床的骨干。所以，即使在隆冬，花园也能呈现出柔美的灰色调，种植区中的丝兰与花园中心的日晷都形成了景观的焦点。

三丛芍药（peony）强调了月季种植床的外围角落，与薰衣草（lavender）一起将每个种植床分成四个部分。外侧的两个部分（在每个种植区的角落）种植一个月季品种，内侧的两个部分各种植不同的品种。四个部分各种植3组植物，这意味着最多可以种植12个品种。杰基尔小姐在一个种植区中应用10个月季品种，'阿贝卡特奈夫人'（'Madame Abel Chatenay'）和'阿什汤小姐'（'Lady Ashtown'）重复应用；在另一个种植区中，种植同样的10个月季品种，再加上'吉拉尼'（'Killarney'）、'阿贝卡特奈夫人'继续重复应用，每次都应用不同的植物组合。因此，虽然布局形式和种植显示了强烈的对称感，但两个区域仍存在细微差别。即便12个小种植块中应用完全不同的12个品种，通过重复也能打破单调，而且在两个区域还可有所不同——这种在完全对称的布局中求得微妙变化的做法正是杰基尔小姐设计规则式花园的一个显著特征。

在伍斯特郡贝德利镇附近的桑德伯恩（Sandbourne），有一座更大型的月季花园，15m（50ft）宽，90m（300ft）长，因此需要一种更为简单的处理方式。花园四周环绕种植着攀缘月季柱，下面种植着薰衣草。'埃莉诺·伯克利'（'Eleanor Berkeley'）月季种植在四个长条形植

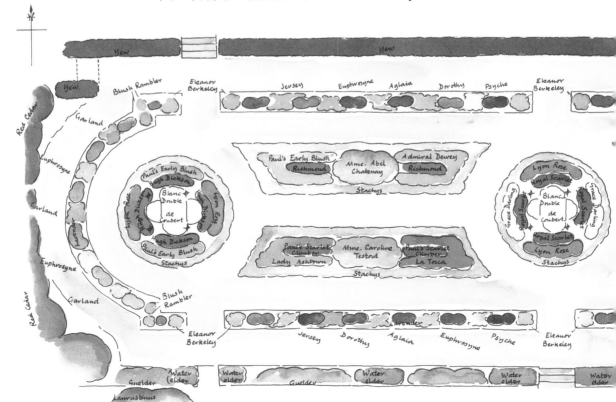

床和两个弯曲植床的末端，勾勒出入口景观，在弯曲的花境中'花环'（'The Garland'）和'欧佛洛绪涅'（'Euphrosyne'）月季有规律地交替出现，'红色漫步者'（'Blush Rambler'）月季成对地种植在植床的转折处以加强对称感。在每个边缘植床都种植了约6丛的攀缘月季——种植的植物相同，但布置形式会有细微的变化以吸引细心的观赏者。

场地中规则地布局着3个圆形的勋章式植坛，每个植坛中央都种植着5株为一组的'白色重瓣的库拜厄特'月季（'Blanc Double de Coubert'），这是杰基尔小姐钟爱的灌木月季品种，而且是一个十分新颖的品种。整体看来，花园中的'白色重瓣的库拜厄特'月季与杂交茶香月季、杂交长春月季有很大区别，它有大量浓密的亮苹果绿色的叶子和大量的雪白色花朵（当然，在它变为难看的棕色前，要去除残花）。围绕着中心环绕着两圈较小的月季，以粉色与红色搭配产生多种组合形式，最外围以叶子多毛的水苏（stachys）镶边。3个勋章型植坛中围绕'白色重瓣的库拜厄特'月季（'Blanc Double de Coubert'）种植着12株植物，这12株植物书中没有注释，划分为四个组团，每个组团中有3株，这种符号杰基尔小姐常用它来代表丝兰（yucca）或者盆栽的白色百合（lily）。百合用在这个位置是非常合适的，它们直立的茎和窄而深色的叶子与浅绿色的圆拱形的'白色重瓣的库拜厄特'月季形成对比，从较低矮的月季上伸出，将花朵的浓香带给路人。

四个主要的中央植床里的种植都很简单：一个月季品种的大

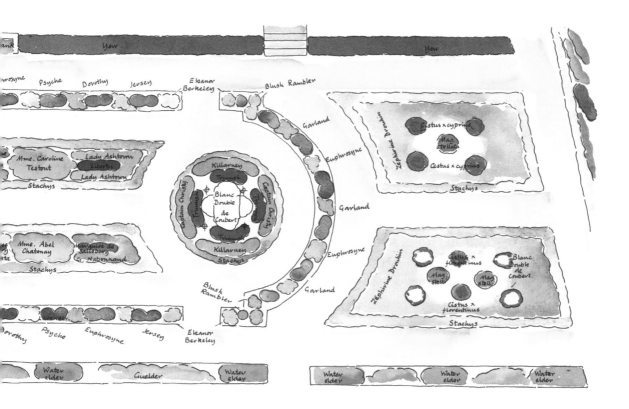

型组团作为中心——'卡罗琳·太斯陶特夫人'（'Madame Caroline Testout'）、'阿贝卡特奈夫人'（'Madame Abel Chatenay'）交替使用，另一个品种按照直线式种植形成植床的中心条带，在条带周围再种植另外两个品种（一个或两个品种——就像在利特·阿斯顿的月季园那样重复出现）。同样地，以大量的水苏（stachys）镶边并且延伸至路缘，软化了僵硬的几何线条。

桑德伯恩月季园除了月季之外的其他景观也非常有趣：明显的对称式布局中巧妙地隐藏了不规则式设计。西北角的台阶并没有对齐指向勋章型植坛中心，然而感觉是应该对齐的，所以种植着攀缘月季的弯曲花境在末端设计成了规则形态，以对齐小路和台阶。南侧中央的台阶事实上正对着月季园的中央种植区，而东北侧的台阶则延伸到这个种植区的外面，到了一个小小的花园的"前厅"部分。由于其中一条路与花园总体平行、直交的布局呈一定的角度，使得这个前厅部分的形状不规则。

这个小前厅依靠藤本月季柱之间的洞口和连续的、宽宽的水苏镶边与月季园的主要部分连通，通过简单而密集的种植将不对称性隐藏在其中。在北部较小的种植床的中心种植着一株星花木兰（*Magnolia stellata*），月季甚至还在长叶时，它就开出了精致的白色花朵，之后发出小巧的叶子，最终会长成浅苹果绿色的大型叶片。围绕着木兰（magnolia）的是艳斑岩蔷薇（*Cistus × cyprius*）和一大丛的'扎克菲林内·州欣'月季（'Zéphirine Drouhin'），艳斑岩蔷薇在漂亮的常绿灌丛中显得叶色更深，而'扎克菲林内·州欣'月季（'Zéphirine Drouhin'）是一个高大的月季品种，最好压低以刺激其他细弱少刺的新芽生长成为可以挂满芳香、玫红色的花朵的大量短枝。

第二个种植床的中心种植着两棵木兰，周围也种植了岩蔷薇（cistus），从植床的中心到角隅处补充种植'白色重瓣的库拜厄特'月季（'Blanc Double de Coubert'）（它的叶色与木兰的几乎一样）。这个额外的种植足以保证作为主要基底的'扎克菲林内·州欣'月季（'Zéphirine Drouhin'）在两个植床内近乎等量：北侧种植床有29株，南侧种植床有31株。

而月季园中更为规则的一端位于西侧的主体区域，四周以北美乔柏（*Thuja plicata*）成列地围合起来，东端延续着主题与变化，形式也更为简单，其中的一个不规则的花境（没有显示在平面图中）中种植了灰色叶的灌木和浅色的月季，以墙为背景排列，在墙的上方有红色的葡萄（vine）、白玉兰（*Magnolia denudata*）和粗糙的深色叶的枇杷（loquat），营造出柔和的对称感。

一条宽宽的水苏（stachys）镶边成为粉红月季的理想背景，它们覆盖了略显荒凉的月季茎干下的裸露地面，为花朵提供了和谐的背景。将月季枝拉低，刺激花蕾在整个枝条上随处萌发，形成一连串芳香的花朵。

当然，杰基尔小姐还有很多其他应用月季的方法，其中一些方法在本书的其他章节有所描述。她的设计方案有，例如，中国月季（China rose）优美地从迷迭香（rosemary）、薰衣草（lavender）或其他灰色叶植物的基底中长出；弗吉尼亚蔷薇（*Rosa virginiana*）和其他健壮的月季以及灌木月季出现在不规则的灌木花园中；攀缘月季和蔓生月季混植在冬青（holly）或紫杉（yew）中，或者在花园中更具野趣的地方营造宽大的拱形花架美景。杰基尔小姐在《用于英国花园的月季》一书中探索过这样那样的方法。尽管如此，利特·阿斯顿花园和桑德伯恩花园中的月季园极好地总结了她设计月季花园的精髓，值得我们学习。

恰如她的很多花园，杰基尔小姐在最大的范围内发挥了月季的作用。这儿，在萨福克郡的石灰窑玫瑰园（Lime Kiln Rosarium）的一组种植中，大大的'艾萨克·贝列拉'月季（'Isaac Pereire'）粉红色的花朵和泡沫般的攀缘月季组团与背景暗色调的紫杉（yew）形成对比。

灌木设计

持久的栽植

灌木通常形成一个花园的骨干，或软化建筑外轮廓的坚硬"骨骼"。灌木可提供高度和密度，可以界定空间，还可作为良好的地被材料，有时也作为亮色花卉的背景，并且许多灌木本身就长有漂亮的花、叶和枝条。

尽管在大多数花园中灌木都非常重要，但是灌木种植却是花园设计中考虑最少的。在大花园里有许多需要考虑的地方，人们倾向于选用最喜欢的植物种类。而在小花园中，灌木个体占据了非常重要的位置，所以其本身的优点更容易被重视而忽视整体效果。因此，我们学习杰基尔小姐应用灌木的方法很有价值，她会选择一些指示性的植物去构建场景，着重强调主题并保证变化，她使用镶边植物与填充植物以延长观赏期，并在最初几年内使一个新花园中的花境加速成熟。最重要的是，我们知道她很少孤立地使用灌木；这样做既有优点，也有其局限性。在杰基尔的设计中，明亮的草本植物和蕨类植物、粗大叶的植物如鸢尾和火炬花、柔软的攀缘植物都不同程度地加入灌丛中，以形成圆形的种植团块。开花有些分散、最初几年生长缓慢、而后几年会势不可挡地蔓出花境边缘，这是绝大多数灌木的特征。

在萨里郡汉布雷顿的海德岭（Hydon Ridge）花园设计中，清晰地展现了以灌木种植为主导的全部特征。入口车道经过一段很深的下挖路槽，边缘种植着冬青（holly）与白葡铁线莲（*Clematis vitalba*）的不规则组团，白葡铁线莲绿白色花朵和丝绸般的头状花序蔓延到护坡，并向上延伸至深色的冬青（holly）丛中，这是一个体现设计组合的完美案例——用杰基尔小姐的话来说就是："从自然中获得那种绘画上称之为'雄浑'的品质。"在车道上部的地块里和前庭边缘，冬青密植成近乎连续而边缘松散的组团。在一侧形成了一个漂亮的不规则形林间空地，向一条步道敞开；在另一侧成为更具装饰性的花境的深绿色背景，围合着房屋一端的规则形网球场。

在花境内，较低矮的常绿灌木种植同样是不规则、松散而统一的条带。花境以深色叶的茵芋（skimmia）和短管长阶花（*Hebe brachysiphon*）开始，随后种植着亮绿色的达尔文小檗（*Berberis darwinii*）、迷迭香（rosemary），低矮的高山玫瑰杜鹃花（*Rhododendron ferrugineum*）、灰色叶的糙苏（phlomis）、榄叶菊（olearia）、岩蔷薇（cistus）和大量细腻质感的黄绿色的黄枝滨篱菊（*Cassinia leptophylla* subsp. *fulvida*），在花境末端还应用了第二组长阶花（hebe），处理手法多少与花境的开始处类似。请注意树叶的色彩是怎样从深绿变到中绿再变到灰色（在最亮处应用了糙苏），然后迅速变回到大量常绿树的深色调，强调了花境的效果，这里

简单的飘带形杜鹃花灌丛种植在勒·穆奇（Les Moutiers）花园的局部野生环境中，展示出杰基尔小姐用灌木种植营造自由和随意的感觉。对灌木熟练的配置以及精心选择树形与枝叶良好的植株，会确保花园在相对短暂的花期过后仍然有景可赏。（上页图）

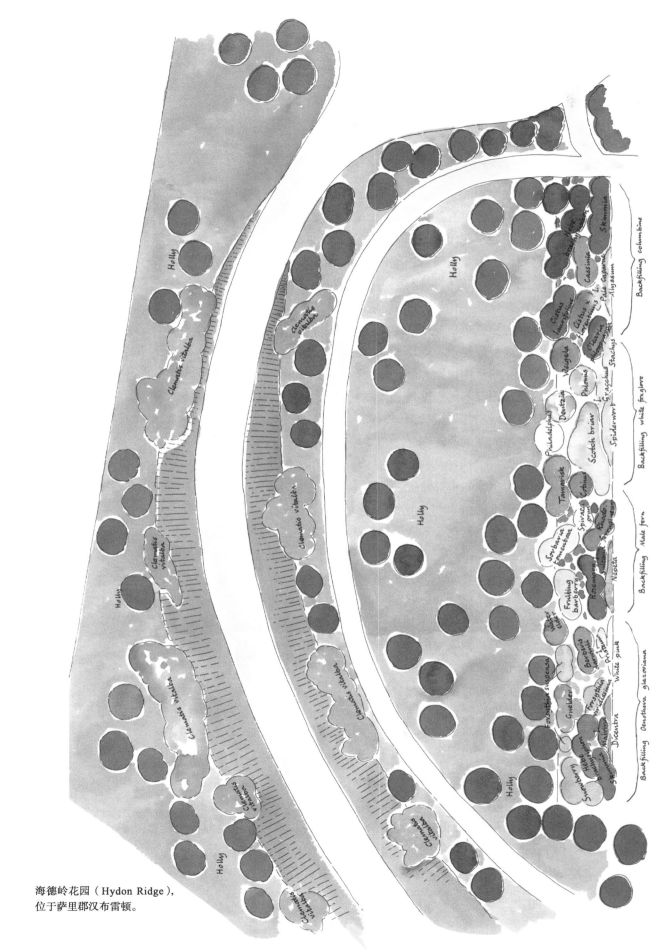

海德岭花园（Hydon Ridge），
位于萨里郡汉布雷顿。

恰好是游步道和前庭最接近草坪的位置。

在常绿树周围和之间是丛植的落叶花灌木：在花境一端，灰绿色的雪果（snowberry）被冬青（holly）围合着；接着是亮绿色的连翘（forsythia）和欧洲荚蒾（water elder）、羽毛般的毛叶珍珠梅（*Sorbaria tomentosa*）、浅色的柽柳（tamarisk）；柽柳下面种植着一大丛浅色的、质感细腻的苏格兰石南（Scotch briar），紧接着是糙苏（phlomis）；色彩更深一些的山梅花（philadelphus）、溲疏（deutzia）以及锦带花（weigela）与房屋边的常绿植物相连。在花境的中央孤植着李叶绣线菊（*Spiraea prunifolia*）和黄栌（*Cotinus coggygria*），它们与周围灰绿色的植物很好地融合在一起，而且它们本身也很美。春天，当绣线菊（spiraea）雪白繁多的花朵压弯了细长枝条的时候，观赏效果最佳。黄栌进进出出的叶子有着无可挑剔的表现，它漂亮的秋色叶在周围柔和的色彩中蔚为壮观，色彩闪耀却补充了花境远端欧洲荚蒾（*Viburnum opulus*）不可被忽略的秋色调。

这个花境展示出精心设计灌木可以得到的最佳效果，不仅展示出叶色搭配形成的诱人画面，还展示出在精心布置下灌木花朵所带来的另一番美景。连翘（forsythia）最早开花：淡黄色连翘的蔓生枝条会蔓延至冬青丛中或者向前垂落越过深色的长阶花（hebe）灌丛；在前面是更黄的金钟花（*Forsythia viridissima*）。黄色的小檗（barberry）和亮橙色的达尔文小檗（*Berberis darwinii*）颜色上要深一些，种植在冷白色的欧洲荚蒾（*Viburnum opulus*）框架内，一侧孤植着欧洲荚蒾（water elder），

野生的欧洲荚蒾（guelder rose, snowball tree）、'粉红'欧洲荚蒾（*Viburnum opulus* 'Roseum'）泛绿的白色球形花为灌木花境注入了冷色调。它们健壮的树枝上，亮绿色叶子在秋天会变成古铜色，而背景处弥漫着香味的紫丁香在落叶前仍然保持着浅灰绿色的树叶。

另一侧种植着两株欧洲荚蒾（guelder rose）。长飘带形种植的迷迭香（rosemary）将小檗植团与暗粉色的高山玫瑰杜鹃花（alpenrose）分离开，它们的花期在春季和初夏，两者会重叠起来，这时迷迭香浅灰蓝色的花就提供了理想的中间色。

以亮黄色为主的花卉布置在花境的远端，到了房屋附近开始让位于淡粉色和红色的植物。迷迭香（rosemary）与高山玫瑰杜鹃花（alpenrose）开启了第二个色彩主题，融入嫩粉色的苏格兰石南（Scotch briar）、柽柳（tamarisk）、香味浓郁的白色山梅花（philadelphus），浅色溲疏（deutzia）和深红色的锦带花（weigela）之中。开白色花的珍珠梅（sorbaria）、榄叶菊（olearia）、长阶花（hebe）和漂亮、芳香的岩蔷薇（cistus）再一次被用来衬托。

在游步道上行走时，视线透过中间的冬青，可以时不时地看到位于花境背景处的灌木：在花境的一端，淡绿色的欧洲荚蒾（water elder）开着泛绿的白色花朵，以及嫩黄色的蔓生连翘（forsythia）；靠近中间部分是高大的山梅花（philadelphus），在晚些时候会绽放漂亮的白色花朵；在花境另一端是深绿色的长阶花（hebe），从远处很难与冬青区分开，除非仲夏时节它的白色花覆盖了深色叶的时候才能辨别出来。

在花境的前缘，长飘带形地种植小型草本植物以勾勒出网球场笔直的边缘。在远处，粉色荷包牡丹（dicentra）和白色的石竹（pink）与此时开花的锦带花（weigela）和其他灌木一起扩展了夏日的色彩组合。黄色的庭荠（alyssum）给前景带来了春天的色彩，灰粉紫色的荆芥（nepeta）、水苏（stachys）和紫露草（spiderwort）种植在花境的中间，像迷迭香（rosemary）那样对黄色和粉色起到调和作用。在圆乎乎的矮垫状的镶边植物后面，成组地种植着鸢尾，它们强健的剑形叶以一定的间隔出现在灌丛间的空地上。在花境建成的最初几年，种植黄色的月见草（oenothera）、淡绿色蕨类植物欧洲鳞毛蕨（male fern）、白色的毛地黄（foxglove）以及淡粉色或紫色的耧斗菜（columbine）作为填充材料是非常重要的。

在入口道路的上方，紧邻花园这个部分是前院，有一条主要由低矮的深绿色灌木组成的狭窄花境正对着房屋。这里的种植设计因为还有其他的一些特征，所以设计平面图放在了"光和影"的章节中，但是值得把它与前面所讨论的种植设计图一同研究。这两个部分的设计包含了进行灌木种植的所有可能性和方式。

杰基尔小姐应用灌木的一个最宝贵的经验是对纯暗绿色叶植物的使用：尤其是紫杉（yew）、葡萄牙月桂树（laurel）、常绿的地中海莱荙（laurustinus）和冬青（holly），以及茵芋（skimmia）、黑海瑞香（*Daphne pontica*）和桂叶瑞香（*Daphne laureola*）、大王桂（*Danaë racemosa*），当然还有短管长阶花（*Hebe brachysiphon*）等低矮植物。长阶花（hebe）在海德岭花园中表现出非常好的效果。它们显得安静而端庄，亮丽的叶子看上去活泼可爱，这些整齐且泛有光泽的植物带给花园独特的氛围。在植物组合时，它们又提供了色调和质地上的微妙变化。因为这么多的常绿植物都能忍耐干旱、蔽荫以及杂根多的环境，它们对于花园中只是干巴巴泥土的不良区域来说是一笔极大的财富。

在温布尔登的鲍尔班克（Bowerbank），有一座相对较小的矩形花园，前面的环形车道与园路之间被大量的本都山杜鹃（*Rhododendron ponticum*）、开淡色花的本都山杜鹃变种‘大白花’（'Album Grandiflorum'）和‘伊娃斯堤亚努姆’（'Everestianum'）以及冬青分隔开，并以冬青叶十大功劳（*Mahonia aquifolium*）镶边。在圆形的组团中，杜鹃修长的叶子微妙地相互交错着；冬青长有叶刺、弯曲、暗绿色的每个叶片反射着光线，它较为直立生长的态势，在十大功劳淡淡的铅灰色调中延续着。杰基尔小姐将十大功劳描述为"每个叶片都是图形与构造的奇迹"，"开花时比其他植物招引了更多的蜜蜂"。充足的营养与定期修剪就能保持其漂亮的外观，它优雅地围绕在杜鹃与冬青周边，偶尔有几支较高的枝条将它淡黄色的花朵展现在其他的深色灌木背景前。

在前花园的每个角落，白色的桦树（birch）树干像矛一样从暗色的冬青和杜鹃灌丛中戳出，这是从芒斯特德·伍德花园得到的设计经验。在那里，杰基尔小姐如此描述她的野生花园，"现在我们经过暗色的杜鹃灌丛，白桦树穿插其中。白桦银色树干上色调很深的棕色和灰色斑点很像黑色发光体，在杜鹃带有光泽的绿丛中闪烁；这两种树的生长方式有很大的不同；高大的白色树干从密集、暗色、革质叶丛的紧实、圆球形灌丛中冒出，它密集成网似的淡红色小枝在上空随风摇曳！"在鲍尔班克，林地间这些优雅的对比效果被提炼出来，只是通过为数不多的几种植物去表达。在车行道支路进入后勤区的地方，种植着浅色欧洲荙荙（guelder rose）和李叶绣线菊（*Spiraea prunifolia*），二者的白色花朵为这片暗色的场景增添片刻新亮的感觉。

背靠着房屋的花境，分列于前门两侧，对于大型灌木来说显得过于狭窄。但沿墙种植着日本贴梗海棠（*Chaenomeles japonica*），因为它具有明亮的色彩：春天，它的花着生在裸露的枝干上，夏季叶子呈现闪亮的绿色，这是种先花后叶的植物。暗绿色的地中海荙荙（laurustinus）围种在花境的边角及房门两侧，与十大功劳（mahonia）一起填充了许

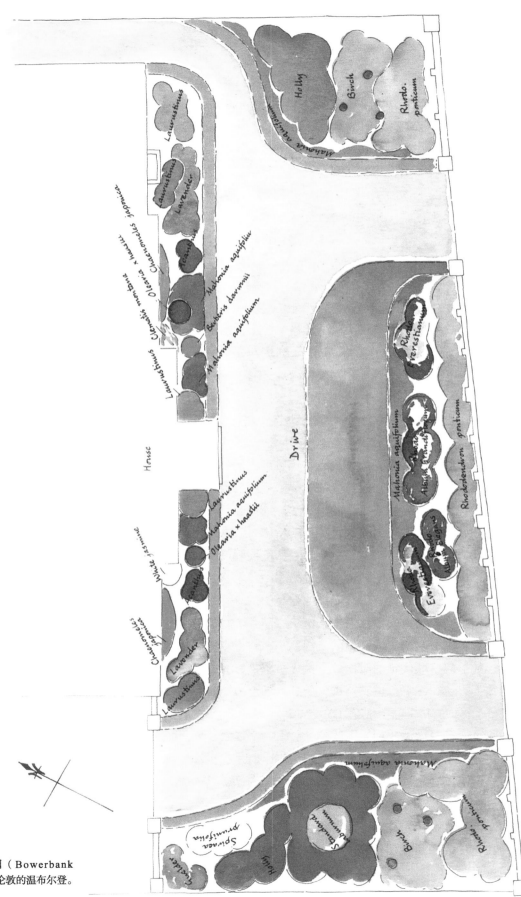

鲍尔班克花园（Bowerbank garden），位于伦敦的温布尔登。

多空间，在前花园中营造出一种统一与严谨的整体感觉。其他种植充分利用花境朝南的优势：阳光下的达尔文小檗（*Berberis darwinii*），直立枝条上开着的橙色花朵从最大的十大功劳组团中探出，以自己小小的冬青样的叶子暗示了它与十大功劳亲密的关系；暗灰绿色的哈氏榄叶菊（*Olearia × haastii*）和大团的老鼠簕（acanthus）强调了南侧景观；在已经形成的连续的暗绿色调中种植了长条形组团的灰色薰衣草（lavender），当人经过路边深色的杜鹃花（rhododendron）灌丛时，这些组团会吸引他们的目光。最后，在前门两边的深处，种植着两株攀缘植物：一种是淡绿色的绣球藤（*Clematis montana*），种植在朝东的矮墙上，它的叶色以及春天芳香清凉的白色花朵与欧洲荚蒾（guelder rose）的色彩相呼应；另一种是素方花（*Jasminum officinale*），它延续了冬青的深绿色，在温暖朝西的角落里展现着它带有香味的白色夏花。

这里的主题主要是纯绿色，在其中运用亮绿色的落叶树以及白色花卉作调节，这种手法在杰基尔小姐的许多设计中出现过。这种设计灵感在芒斯特德·伍德花园中就可以看到——在林地中潜移默化地融合了如画般的桦树（birch）、冬青（holly）、杜鹃花（rhododendron）；或者在凉爽的北院，绣球藤（*Clematis montana*）的摇曳枝条与直立枝干的欧洲荚蒾（*Vibunum opulus*）交会；在较低的位置，一丛丛蕨（fern）、风铃草（campanula）、百合（lily）和玉簪（hosta）重复着浅绿色与白色。在最小的空间里，细辛（asarum）和伦敦虎耳草（London pride）代替了十大功劳（mahonia）或茵芋（skimmia）。在较大的空间里，将冬青和其他深色的常绿树搭配在一起：它们形成了强烈的围合，保护着浅色植物带来的林地优美感不受外部场地环境的侵扰。还有一些空间，可以种植轻柔的蕨类植物，尤其是欧洲鳞毛蕨（male fern），它们既可用在潮湿的林地中，也可用在干旱的花境中，还可以种野生月季和其他淡绿色的植物，它们浓缩了春天里清凉、通透的林地美景。

鲍尔班克花园和海德岭花园一样，主要结构都来自灌木本身。其中，色彩有变化而中性的绿色背景和浅色的叶、花一样重要。在其他情况下，当墙体提供了必要的中性而稳定的色彩背景，灌木则可以用来展现它们更为丰富多彩的装饰特性，并使前景与背景融合起来，从而大大提高了可见的种植深度。

芒斯特德·伍德在这方面也有一个范例，在花境灰蓝色调末端的后面种植着刺槐（robinia）和苘麻（abutilon），黄绿色的木兰（magnolia）和墨西哥橘（choisya）的树叶突出了翠雀花（delphinium）的亮蓝色，以及倒挂金钟（fuchsia）和深红色的葡萄（vine）丰富了花境中的红色

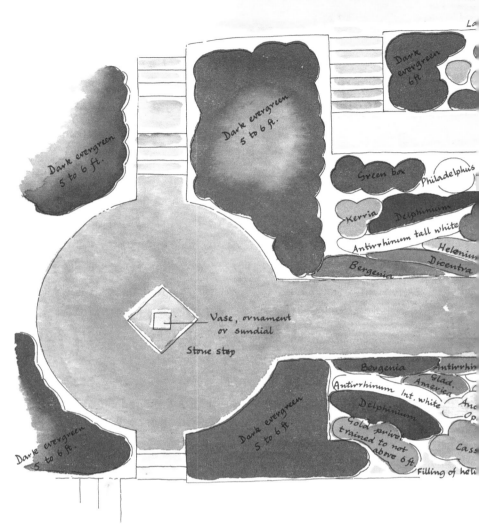

图中手写标注：
Dark evergreen 5 to 6 ft.
Dark evergreen 5 to 6 ft.
Dark evergreen 6 ft.
Green box
Philadelphus
Kerria
Delphinium
Antirrhinum tall white
Helenium
Dicentra
Bergenia
Vase, ornament or sundial
Stone step
Bergenia
Antirrh.
Glad. America
Antirrhinum Int. white
Delphinium
And
Op
Gold privet trained to not above 6 ft.
Cass
Filling of hel
Dark evergreen 5 to 6 ft.
Dark evergreen 5 to 6 ft.

格罗斯贝克花园（Groesbeck garden），位于美国俄亥俄州辛辛那提。

和橙色部分。

　　前景花卉与背景灌木之间的关系在萨默塞特郡的巴林顿庭院（Barrington Court）花园中可能表现得最为精妙。这里有许多长长的花境，其中的一个花境设计中，柔和而多毛的暗绿色地中海荚蒾（*Viburnum tinus*）种植在花境两端，前面种植着鲜红色的金鱼草（antirrhinum）、火炬花（kniphofia）、钓钟柳（penstemon）、红花山梗菜（*Lobelia cardinalis*）、蒂立景天（Sedum *telephium*）。光滑而亮绿色的'卢斯达姆'地中海荚蒾（*Viburnum tinus* 'Lucidum'）被种植在中间区域，与条纹叶的玉米（maize）、白色和黄色的金鱼草（antirrhinum）、黄色的堆心菊（helenium）和金光菊（rudbeckia）以及用来镶边的亮绿色艾菊（tansy）搭配在一起，色调上很协调。

　　在美国俄亥俄州辛辛那提附近的格罗斯贝克花园（Groesbeck garden）（曾在前面讨论过）中，紫色叶的'皮萨迪'紫叶李（*Prunus cerasifera* 'Pissardii'），"每年都将其重剪削短"，种植在红紫色的美国薄

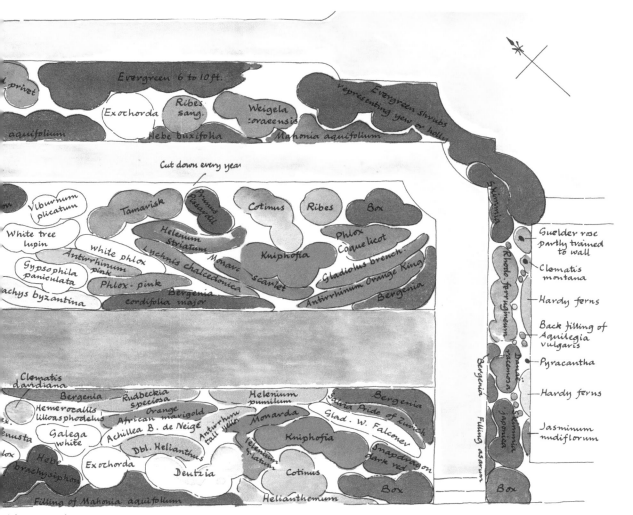

荷（monarda）、剪秋罗（lychnis）、火炬花（kniphofia）以及深红色和黄色的堆心菊（helenium）之后。在对面的花境后面，种植着金叶女贞（golden privet）、金叶接骨木（golden elder）以及像石南似的淡黄色枝条的滨篱菊（cassinia），与金鱼草（antirrhinum）、福禄考（phlox）、红花蚊子草（*Filipendula rubra* 'Venusta'）和白色的大滨菊（*Leucanthemum maximum*）相组合形成了一幅完全新亮的图画，并且为浅蓝色的牛舌草（anchusa）与较晚开花的亮蓝色翠雀花（delphinium）提供了理想的背景框架。

顺便提一下，注意图中重复的岩白菜（bergenia）组团如何控制着花境，它们与背景里的黄杨以及短管长阶花（*Hebe brachysiphon*）相协调。同时，还需要注意靠着房屋的漂亮小花境，一个清凉色调的展示，有欧洲荚蒾（guelder rose）、绣球藤（*Clematis montana*）、蕨（fern）、茵芋（skimmia）、深色的火棘（pyracantha）和岩白菜（bergenia），高山玫瑰杜鹃花（*Rhododendron ferrugineum*）和穗状的

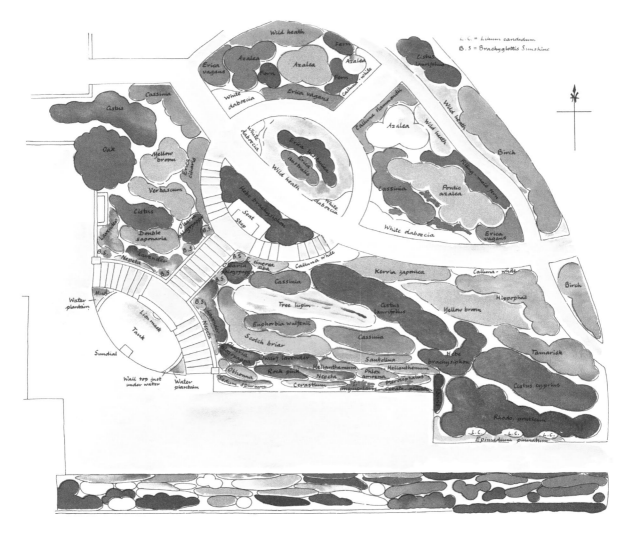

福克斯山花园（Fox Hill），位于萨里郡埃尔斯特德。

大王桂（*Danaë racemosa*），还有迎春（winter jasmine）冬天里在屋角处如喷泉般地展现着亮黄色花，整个夏天浅绿色枝条上的深色叶有如拱形状喷洒的水花。

　　福克斯山（Fox Hill）花园，位于萨里郡的埃尔斯特德。在一个非凡的设计中，灌木丛"有用背景"的附属地位走上了中心舞台，成为视觉的焦点。弧形和直线形交互着的数段台阶从房屋开始向上升起，厚厚的灌木围合着，几乎完全遮蔽，使用了一些常用于野生花园的植物：欧石南（heath）、杜鹃花（azalea）、岩蔷薇（cistus）、沙棘（sea buckthorn）融入大片的蕨类植物中，上层是白桦树干形成的天际线。这个设计基本上是蔓延起伏的石南和岩蔷薇覆盖着的山丘，一个精练组合，杰基尔小姐喜爱做这样的搭配，她在芒斯特德·伍德花园中以适当的尺度局部地营建了这样的景观。在福克斯山，欧石南完全适合种植在房屋和林地之间的场地，与坡脚处种植着白色、黄色和橘黄色花的精美花境很协调。

　　种植计划开始于有一段低矮干石墙的房屋露台，干石墙上覆盖着

112

卷耳（cerastium）、景天（sedum）、翼首花（pterocephalus）。一片地毯状的蓝雪花（*Ceratostigma plumbaginoides*）和尖叶的爪瓣鸢尾（*Iris unguicularis*）从墙基部冒出来，而石竹（pink）、荆芥（nepeta）、薰衣草（lavender）、半日花（helianthemum）以柔和的灰色调从墙头垂落。

这个灰色主题继而延续到矮墙上面的山坡上，那里种植着神圣亚麻（santolina）灌丛和质感细腻的苏格兰石南（Scotch briar）灌丛、轮廓粗壮的吴氏大戟（*Euphorbia characias* ssp. *Wulfenii*），以及重复种植着浅色花序的木羽扇豆（tree lupin）和柔和的深灰绿色的月桂叶岩蔷薇（*Cistus laurifolius*）。在岩蔷薇后面成组种植着黄色金雀花（broom），当岩蔷薇长大后会从下面掩藏金雀花。旁边是灰色叶的沙棘（hippophaë，sea buckthorn）以及同样是窄叶的棣棠（kerria）。大多数植物的叶片都呈明显的灰色或灰绿色，而其中棣棠是亮绿色；金雀花（broom）是灰亮而蓝绿的色彩，近处能够看到纤细、小枝繁茂的植丛色彩暗淡而开展，在内部形成了深色的阴影。飘带形的滨篱菊（cassinia）和短管长阶花（*Hebe brachysiphon*）组团交错种植，形成了明亮而柔和的另一番景色，在东部边缘的护坡上延展到了灰色的柽柳（tamarisk）、深灰绿色的岩蔷薇（cistus）以及墨绿色的本都山杜鹃（*Rhododendron ponticum*）中。注意如此大丛的大叶子杜鹃是何等巧妙地融入下面较小尺度的花园中的，而对于平衡护坡上那些大片的种植又是相当重要的呼应。墙上的一条深绿色的屈曲花（candytuft）、一条淡色的淫羊藿（epimedium）和3组白花百合（Madonna lily）的镶边，与长长的杜鹃组团一起与道路对

在格洛斯特郡的斯旦考姆花园（Stancombe），外形美观的'日耀'达尼丁常春菊（*Brachyglottis* 'Sunshine'）团块布置在整个台阶的两侧，强调了花园的结构性骨架，如同福克斯山花园中的设计一样。虽然常春菊受到植物学家和工程实施人员的无理诋毁，但它仍然是一种漂亮的植物，它粗大拱形的干茎上长着完美无瑕的灰绿色叶子，大量白色带毛的花蕾会开放出亮黄色似雏菊般的漂亮花朵。

面的花境尺度相配合。

拉塞勒莱花境（La-Celle-les-Bordes）位于巴黎附近的朗布依埃森林中，轻松自然散植的杜鹃和细长的白桦树营造了一种幽深与平静的感觉。随机出现的柱状美国花柏（Lawson cypress）提供四季不变的纯绿色调，衬托出季节变化的规律——从春季清新的半透明色彩到秋季更为丰富的金黄色、紫铜色的秋色叶。

　　山坡上种植的特点在护坡西侧的较小区域内延续着。荆芥（nepeta）和薰衣草（lavender），淡粉色的重瓣肥皂草（soapwort）和深色叶的岩蔷薇（cistus）层层排列着，上面是毛蕊花（verbascum）较高的黄色花穗，还有部分被遮挡着的较低些的黄色金雀花（broom）和滨篱菊（cassinia）的花穗。在这些变化的灰色和绿色植物中，外形美观的'日耀'达尼丁常春菊（*Brachyglottis* 'Sunshine'）组团规律性地重复种植在每个角落以及台阶中间，轻轻地提示着这里有一个规则的骨架而且离房屋并不远。规则形式通过主台阶顶端种植的新月形长阶花

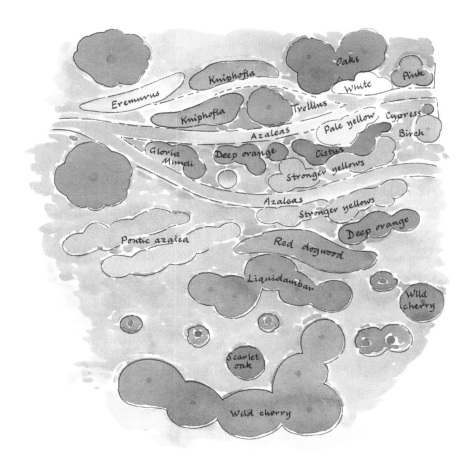

沃尔沙姆住宅（Walsham House），位于萨里郡的埃尔斯特德。

（hebe）得以体现，远处林地逐渐呈现。

中央圆环的第二部分，在像地毯一样的野生帚石南（calluna）中均衡地种植着欧石南（tree heath），每一边都以整齐的白色大宝石南（daboecia）团块围合。大宝石南的叶片比其他石南更大，凭借其双色叶（叶面深绿色，叶背白色）和从夏末持续到秋季的大型花朵等优点，深受人们喜爱。沿步行道，长飘带式地随意种植了更多的大宝石南（daboecia），与其他石南结合在一起。它们的叶子既有灰绿色也有深绿色，将其配置在杜鹃丛中可以填充空间，在春季它们多彩而芳香，到了秋季它们的叶子呈现为彩色。杜鹃三株一丛或四株一丛，色彩从黄色到浅橙色再到深橙色。不开花时，杜鹃整体呈现自然而柔和的绿色，与连绵不断的大片石南相连，最终融入林地边缘的蕨类植物和细长、白色的桦树干丛中。

灌木种植的最后一个案例是沃尔沙姆住宅花园（Walsham House），与福克斯山花园在同一个村子，它的特征相对简单一些。在规则式和自然式花园的交汇处，灌木和乔木的种植呈现出一种明显的散布状态，此处，原先围绕房屋的笔直步道变为林地花园中流畅的曲线。这里主要种植着杜鹃，在相对短暂的花期内，精彩地种植着从粉色和白色，到房屋附近的淡黄色，再到较深的黄色和橙色等各色杜鹃，最后回归到亮黄色、散发甜美香味的纯黄杜鹃（pontic azalea, *Rhododendron luteum*）。在一年的其他时节，杜鹃的叶片形成单纯而连续的组团，品种间的叶片外形和暗绿色泽几乎没有变化，与房屋旁边较深色的岩蔷薇（cistus）混植在一起，并融入红色茎的红瑞木（dogwood），粗大、浓密而闪烁光亮的锥形枫香树（liquidambar），鲜红色、深锯齿叶子的橡树（oak）以及树冠自由伸展的野樱桃（cherry）之中。夏日，花的胜景仍然沿着上部的道路出现，早些时候是种在路边有粗壮花穗的独尾草（eremurus），稍晚些时候是火炬花（kniphofia）。远离房屋的画面则是明暗交错的简单画面，光滑明亮的枫香树种植在暗绿色的野樱桃和红茎的红瑞木之间。进入秋季，杜鹃的色彩又随之发生了的变化，有多种不同的红色、黄色、紫色和橙色等富有秋季特点的色调。在浓紫色的红瑞木树叶，橙红色的樱桃，鲜红色的橡树叶和多彩炽热的枫香树色调的衬托下，杜鹃色彩差异的效果被放大。随着叶子凋落，这幅画面回归到一种简单、和谐的色调，在深色树干的橡树和深灰色树枝的枫香之间，红瑞木红色的茎、岩蔷薇（cistus）深绿色的叶和散植美国花柏（Lawson Cypress）的柱状树形成主要的视觉焦点。

这个设计里没有什么非凡之处，但在"绘制"这些植物群的过程中，组团之间自然流畅地融合，从充满异国情调的火炬花到优雅的野樱桃的轻松过渡，都证明了作为一个画家的训练对杰基尔小姐的深入影响。

野生花园

低维护的园艺形式

德雷顿林地，诺福克郡（Drayton Wood, Norfolk）
芒克斯伍德，萨里郡（Monkswood, Surrey）
海克罗夫特，汉普郡（Highcroft, Hampshire）
利特·阿斯顿，伯明翰附近（Little Aston, Birmingham）

光滑、灰色树干的山毛榉（beech），修长的桦树（birch）刚萌发出新叶，暗色光泽的冬青（holly），林中空地上散布着的球根花卉，它们交织在一起，这就是杰基尔小姐野生花园的特点。在德文郡奈舍斯庭院（Knightshayes Court）林中空地的这个小角落里，在体形较大的水仙（daffodil）丛中，色彩淡淡的仙客来水仙（*Narcissus cyclamineus*）花朵重复着白屈菜（celandine）的嫩黄色，模糊了人工自然和真实自然之间的区别。（上页图）

在奈舍斯的林地花园中，优雅的毛地黄（foxglove）的白色花穗挺立在蓝绿色的玉簪（hosta）叶片上方。毛地黄可以灵活自如地应用在花境中提亮色彩，在干石墙的接合处突出轮廓，或是模仿林地中树木耸立的竖向线条，杰基尔小姐使用它通常出于这三个目的。无论在哪里，疏伐树林形成如画的树组后，杰基尔会在破损的地面上撒下一些毛地黄的种子，让一片片美丽的花卉来弥合土地的创伤。（上左图）

对比的处理是杰基尔小姐最引人入胜的设计手法之一——在深绿色的常绿植物中种植柔弱的蕨类植物，或者在云雾般的丝石竹（gypsophila）花丛中冒出鲜红色的唐菖蒲（gladiolus）。在更大尺度的花园里，相邻的花园分区之间存在着对比。最终，花园的整体特征取决于花园的规则式核心（见前几章讨论过的花境与月季花园）与非规则式场景之间的均衡，场景尽可能融入周围乡村的环境。杰基尔小姐的设计之所以经久不衰的原因可以归结于她对非规则式场景的设计，她将威廉·罗宾逊提出的"野生花园"的模糊概念赋予了真正的设计内涵。

维多利亚时期园艺繁荣，野生花园是之后几十年园艺发展的时代产物。它提出了造价相对便宜的园艺形式，更适合安置从中国和周边国家大量引进的新型耐寒植物。它也是一种符合了大多数园主造园取向的花园风格，这些人不管如何赞美和欣赏壮丽规则的维多利亚式花坛，实际上更喜欢在自家花园里沉迷于植物的收集和栽培。

随着20世纪的到来以及大量专业技术人员的减少，不规则式园艺风格的价值越来越受重视。杰基尔小姐设计的野生花园和林地花园即使在今天看来也有着非凡的吸引力；现如今，花园工作人员数量急剧下降甚至没有，那些还存在的大型花园在很大程度上需要割草机、链锯等工具才能得以维持，而杰基尔只是通过一些间伐和重新组合植物的手段就能将毫无形态特征的灌丛转化成为野生花园，这种做法极具参考价值。

在杰基尔设计的众多野生花园中，位于诺福克的德雷顿林地花园（Drayton Wood）富有特色。开始处是一块直线边缘的小围场，被夹在两块僵硬边缘的林地之间。杰基尔从小围场的一边开始种植，在一小块桦树（birch）的林中空地周围栽入了大组团的榛树（hazel）用以软化僵

硬的边界。另一边，更接近主花园，种植较小的桦树（birch）和欧洲赤松（Scots pine）组团来模糊边界。两条长长的橡树（oak）组团，每组12株，种植在小围场中，部分围合着不规则但形态优美的野生花园。重复种植的冬青（holly）、欧洲赤松和桦树、黑刺李（blackthorn）和单籽山楂（whitethorn/hawthorn）加强了场地的围合感，零星点缀着更具装饰性的唐棣（amelanchier）、花楸（mountain ash）或是重瓣的樱桃（cherry）。这些简单的调整让整个区域变得漂亮起来，轻轻弯曲的道路交织在其中；或许，先规划了道路，而后种植植物形成空间，不管怎样，道路和植物巧妙地结合成了单一而协调的构图。

房屋附近，以乡土植物为主的种植融入密集的杜鹃花（azalea）组团中，自由流畅的路网回绕与一条长长的草地马道相接。这条具有强烈建筑形式的骑马道，一端边缘种植着深色的杜鹃（rhododendron）和冬青（holly），而另一端逐渐消隐到温和的灌木月季（rose）和榛树（hazel）丛中，仿佛它逐渐变窄并延伸进了林地。

离开杜鹃花园，道路两侧以常绿的白珠树（pernettya）镶边。当道路经过新的野生花园中更为密集的种植区域时，则以绢毛蓼（Polygonum molle）镶边，在道路穿过更为开阔的、粗放的草地时，较高的多花蔷薇（sweet briar rose）取代了绢毛蓼作为镶边材料。镶边种植远非连续的，而是间隔地形成长飘带形，首先布置于道路一侧，继而布置于两侧，然后布置于另一条道路，这样展开了一系列细心规划的景色。当我们的视线不沿着道路观赏而是横越花园时，这些长长的、横向的种植飘带形成了重叠的多个层次，有低矮的月季（rose）、较高的单籽山楂（thorn）和冬青（holly）、苗壮的幼年橡树（oak）、松树（pine）和纤细的桦树（birch）等，获得了一种连续不断的灌丛轮廓逐渐消失在英国雾气弥漫的远方的感觉。

德雷顿林地花园的一处较小设计从细节层面展示了杜鹃花园中心周围的种植情况。杜鹃花在不开花的时候，丰满的植丛呈现出一大片非常统一的浅绿色叶，不仅如此，沿着花园中心小水池周围的道路边缘有着更为复杂、精细的种植。这个水池坐落在一块显眼的空地上，它的边缘交替种植着粗大与柔和的树丛：齿叶囊吾（Ligularia dentata）正对着通向空地的一个入口，羽毛般轻柔的旋果蚊子草（Filipendula ulmaria）和蹄盖蕨（lady fern）种植在每一边，它们远处是直立、剑形叶的鸢尾（iris）。在道路的外侧边缘，这组苍翠繁茂而优雅多姿的种植组合的对面，长条石块堆起地面，目的是形成一个不规则的区域，特征介于自然的岩石花园与规则整齐的干砌石墙之间。石堆上面飘带式

玉簪（hosta）、雨伞草（darmera）和形成对比的竖向线条叶子的鸢尾（iris）沿着道路种植，一直延伸到希德考特花园（Hidcote）中更为野趣的区域。大片浅绿色呈现的清新感在细小的白色毛茛（ranunculus）花的点缀下更为突出。（上页右图）

种植着灰色叶植物，后面的种植体形更高、组团更大：深色的白珠树（pernettya）和茵芋（skimmia）、美国马醉木（*Pieris floribunda*）和腋花木黎芦（*Leucothoe axillaris*），与深绿色的可巧杜鹃（*Rhododendron × myrtifolium*）、欧亚圆柏（savin）和黄杨（box）融合在一起，所有这些植物以它们淡绿色的叶子为周围的杜鹃组团形成完美的铺垫。值得关注种植组合的边缘如何结合，使得杜鹃组团没有僵硬边界的感觉，就如同前面所述较大尺度下林地及围场的生硬边界之间被短片的种植所分化和打破的做法。

芒克斯伍德花园（Monkswood）位于萨里郡的戈德尔明附近，没有德雷顿林地那样令人关注，种植显得没那么复杂，但开放空间和自然林地之间那种微妙的相互作用并不逊色。花园开始的地方也是一个直边的场地，其中一侧边界是道路，角上有一小块林地。

在杰基尔小姐的设计中，一条长而不规则的冬青条带在一侧限定

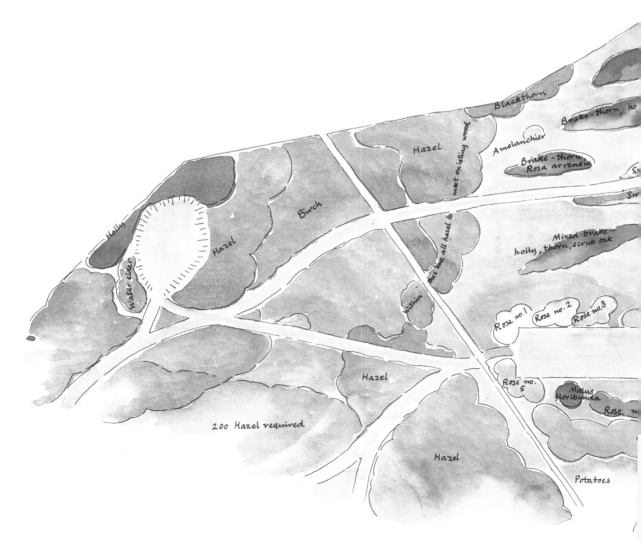

德雷顿林地（Drayton Wood），
位于诺福克。

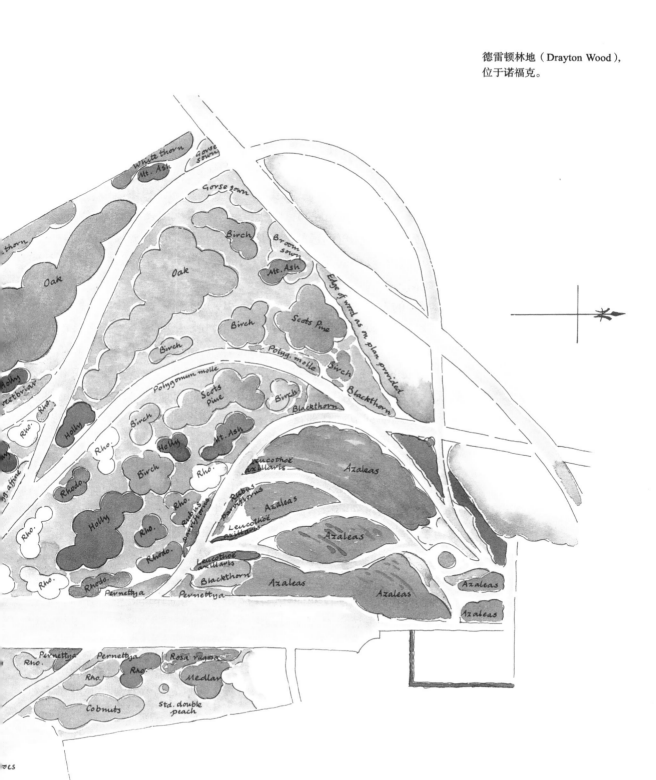

了密实的边界，另一边，一个绿篱围合的菜园延续着现有林地形成的围合。一个简单的规则式花园和围篱外的灌丛把菜园和房屋连接起来。在花园的远角处，增加了蓝灰色的欧洲赤松树丛，框定了来自房屋的视野。组团种植的桦树（birch）提亮了松树（pine）丛边缘的颜色，并且在色彩一成不变、叶团紧实的松树衬托下，桦树飘扬的浅绿色叶，或是秋天金黄的色调，或是裸露的白色树干产生了如画的效果。

一片"播种的荆豆（gorse）和金雀花（broom）"连接着两组松树（pine），组团的边缘在花园的内侧变得笔直，与更为规则的修剪草坪边缘相呼应，每一边神态上与松树和桦树（birch）结合在一起，但是高度上足够低，能够保证视线望出去，看到周边的乡村中散落的松树和桦树、荆豆和石南（heather）。修剪草坪两侧有大组团的灌木夹峙，从这里开始到粗草区，再到远处的林地和石南形成了一幅延展的画面。草坪的每边都留有较小的开口，由花园内的种植框定，但绕过树林进入林间后视线消失。

花园的东边，由厚重的冬青（holly）围合，大量栽种了绿色、光泽的欧洲栗（sweet chestnut）和山毛榉（beech），为了获得直接的效果和寻求变化，还与矮橡树（scrub oak）、黑刺李（blackthorn）和单籽山楂（whitethorn）间种在一起，形成了一个细长的林地边缘栽植和一个较大的中央种植岛组成的两个不同特点的林间地块。这个简单的画面加入了如画的细节：欧洲花楸（rowan）和桦树（birch）群植在从房屋内和草坪上可望见的地方；一条悬钩子（bramble）组成的不规则边缘；以及在种植岛最北端，蔓生月季（rose）争相爬过一株黑刺李，在沿着车行路的视觉关键点上展示了野生植物与栽培植物的结合。在房子前面，原来平淡排列的树木被改变了，蔓生月季爬进了黑刺李树丛，并和悬钩子错综复杂地缠绕在一起。房子本身嵌在灌丛中，在它和林地之间有另一块狭窄的林间空地，这里种植的是茎干直立的苹果树——这对不远处的菜园是恰当的提示。

这番漂亮的描述让我们知道花园产生于周围环境之中，并与它们结合在一起。从未放弃对控制和自由的结合，展现出无尽的花园美景。譬如从入口进入，车行道穿过一薄片小树丛，进入一块边缘种植着黑刺李（blackthorn）和蔓生月季（rose）的不规则林中空地。车行道最终穿过密闭的灌丛抵达种有漂亮常绿树的前院，在这之前会看到时宽时窄、弯曲的林间空地的动人美景。

芒克斯伍德花园非常好地展示了杰基尔小姐对乡土植物的应用。单籽山楂（thorn）、悬钩子（bramble）、橡树（oak）、桦树（birch）和欧

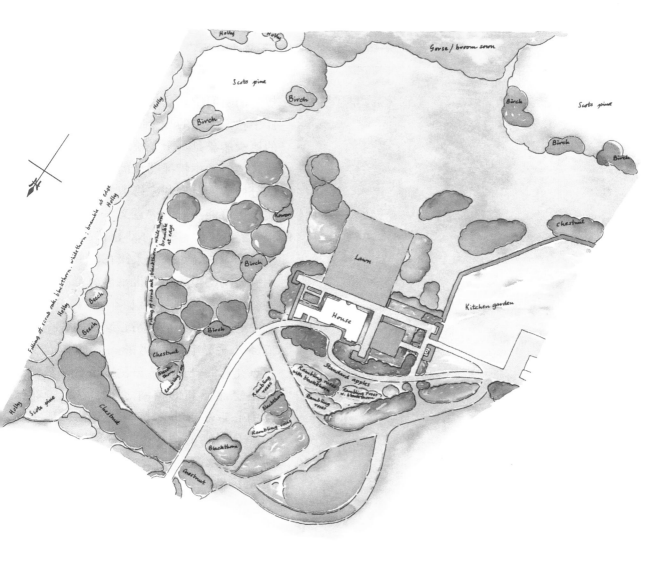

洲花楸（rowan），以及直接播种的荆豆（gorse）和金雀花（broom），与"生态种植"有着惊人的相似之处，而"生态种植"被风景园林师视为设计理念并得到发展已经是20世纪末的事了。

芒克斯伍德（Monkswood），位于萨里郡的戈德尔明。

杰基尔小姐在德雷顿林地和芒克斯伍德花园的尺度下设计的众多各具特色的野生花园清晰地表达出她的设计手法：运用几个较大型的关键树种构建花园的基调特征；较小型的树种用来建立画面感，并使花园形式更加鲜活，同时形成光与影的对比；最后丰富一些小细节，也许会被不经意的游览者所忽视，但能产生色彩层次和丰富的景观片段，确保连续不断的欣赏点。光与影、实与虚之间的平衡，都煞费苦心地调整到刚刚好。杰基尔小姐在绘制平面图时就仿佛穿行在真实的花园中，她研究各个方向的视觉效果，并调整植物组群的形状以营造无尽的、连续的花园图画。平面图就是这样转变成精彩的花园实景了。

新林区的海克罗夫特（Highcroft）花园与芒克斯伍德花园有相似之处，但这个花园将优雅的曲线和野生花园多样化的特点浓缩到一个小而

规则的空间中，这是杰基尔小姐众多设计中独一无二的一个方案。平面图给人的第一印象是一个斑块划分十分明显的设计，但图中特征明显的线仅仅是为了区分修剪的草地和未修剪的草地，落到实地上可能没有多大意义——特别是如果有人可以仿照杰基尔小姐在芒斯特德·伍德的做法，派一个人跟在割草机后面用镰刀消除道路边缘机械修剪留下的痕迹，那就更算不了什么！

道路的线条都是精心绘制的，一些道路几乎是直的，另外一些或多或少有点儿弯曲，道路或分岔或汇合，却都在坚定而温和的控制之下。首先，花园中心近乎方形未修剪的草地构成了几乎是规则的图块，靠着房屋前的规则式花园附近很合适，但相对于唐棣（amelanchier）而言，布置的规则感逐渐减少，一侧融入更高的桦树（birch）中（在花园的边缘与桦树配置在一起），另一侧融入到更为密集的单籽山楂（whitethorn）和蔓生月季（rose）灌丛中，最后融入欧洲荚蒾（water elder，*Viburnum opulus*）组团和质感细腻的花楸（mountain ash）下近圆球形的杜鹃花（azalea）丛中。

杜鹃也为花园的转角镶边，为那个部分的植物组合提供了明确的围合，那里曲线的弯曲度最大，草块的末端也最为狭窄。然而，转角的植物组团很快融入一片小花悬钩子（*Rubus parviflorus*）[1]中，

① 一种（American raspberry）或 'salmonberry'，在它长着淡绿色叶的拱形枝顶端开着大而独特的纯白色花朵。

随后融入进一个更暗、更有光泽、裂叶的悬钩子（bramble）组群中。在宽阔的修剪草步道的边缘和转角处重复种植着较少量的悬钩子，在凉亭附近营造出强烈的围合感，凉亭上覆盖着茶树（tea tree）和宁夏枸杞（*Lycium barbarum*）。宁夏枸杞是一种蔓生的半攀缘灌木，有着更微妙的色彩，在夏季的大部分时间都开紫花，在秋季长出鲜红色的浆果。

这个设计并没有什么特别出众的地方，没有大量鲜明、次第变化的色彩，也没有大面积的林地。但在一个园艺上倾向于堆积和沉溺于植物"变种"的时代，它却是一个有益的提示，告知我们一些精心挑选的植物全年都可以营造出宁静并令人满意的美景：春季，在白桦（birch）树干前，云彩般转瞬即逝的唐棣（amelanchier）花朵悬停在它青铜色的嫩叶上；春夏之交时，精心配置的亮色杜鹃花（azalea）种植在香气四溢的开白花的花楸（mountain ash）下，与单籽山楂（whitethorn）紧密相连。随着夏天的来临，欧洲荚蒾（water elder）展现出崭新的效果，它枫叶般的浅绿色树叶顶端开着白色花朵；紧接着是大团的白色月季开在深色的拱形枝条上，以及白色的美洲大树莓（salmon berry）和白花的悬钩子（bramble）悬垂在枸杞（lycium）暗紫色、马铃薯似的花中。这时节，枸杞开始长出红色的果实，花楸（mountain ash）缀满同样色调的浆果，紧接着是树叶的第一抹秋色。随着这个秋天讯号的来临，唐棣（amelanchier）的淡灰绿色叶开始变成深红色，之后变色的是淡黄色和深紫色的杜鹃（rhododendron）、桦树（birch）、荚蒾（viburnum）和悬钩子（bramble）。最后，树叶凋落，一切只剩下冬季更为宁静的色彩：棕灰色的杜鹃（azalea）树干，优雅的带银色条纹的唐棣树枝，锈色的悬钩子（rubus）和深色光亮的悬钩子，以及桦树（birch）近黑色的小枝摇曳在优美的白色树干上方。

图中没有标示球根植物，但野生花园为春季和秋季应用球根植物提供了很多的余地，杰基尔小姐在著作中而不是设计图中也多次提到球根植物如画般地应用在这样的场景下。

如果有的花园与海克罗夫特花园相似，尤其是在狭小的场地空间中，桦树有一大优点，当长得过大时可以从地面处萌发并长成多树干的优美植丛。海克罗夫特花园也为热衷于岛状植床的人提供了宝贵的参考。杰基尔小姐的设计展示了让道路来决定种植床形状的优点，而不是随机地将变形虫似的种植床设置在一块没有规划设想的草坪上，然后想方设法地去收拾残局——空间没有完全封闭，也没有真正地开敞，极大地浪费在修剪草坪上。

之前已经讨论过利特·阿斯顿花园（Little Aston）中的月季花园，

长在苹果树里的蔓生'喜马麝香'月季（*Rosa* 'Paul's Himalyan Musk'）。在杰基尔小姐为芒克斯伍德花园（Monkswood）所做的设计中，抛掷到小树上的蔓生月季嫩枝提供了主要的花色。在其他方面的绿色林地中，这种自然随意的植物与高度栽培化花卉的结合在视觉关键点上给出了精确的提示。（上页上图）

在杰基尔小姐设计的众多野生花园里，枝干纤细、优美而弯曲的银色桦树（birch）是常见的场景。这个位于苏塞克斯郡的私人花园里，在一个关键点上有一丛三棵的银色的桦树，把欧石南（heath）、马醉木（pieris）和其他喜欢酸性土的植物组成灌木花园，连接到静谧、绿色的林地深处，那里树木已被巧妙地疏伐形成开放的林间空地。（上页下图）

吉尔斯·克莱门特（Gilles Clément）花园，位于法国中部拉瓦里。优雅、粗枝头的杜鹃组成缓缓起伏的波浪状灌丛，强化了野生花园种植的关键性控制点。夏季淡绿色的叶子在秋季变成金色或紫铜色，将植物的美从短暂而辉煌的春季花期往后延续。在沿林地边缘种植的杜鹃和其他植物之间，草地缓缓地自然延伸。

它的野生花园的特点很大程度上取决于旧采石场的自然状况。德雷顿花园和其他建在草地上或是林地中的野生花园都有着长长的、几乎慵懒的道路曲线，而利特·阿斯顿野生花园中道路线形的变化更为突出。图中最重要的道路几乎是直线，但四个轻微的弯曲使道路从一个1.2m（4ft）高的护坡底部缓缓地抬高并通过斜坡，接着隐入一片攀缘在深色冬青（holly）树上的浓密的野蔷薇（*Rosa multiflora*）丛中。把图举到视平线的高度，沿着道路走向望去，能够感知到道路这些弯曲明显的小变化带

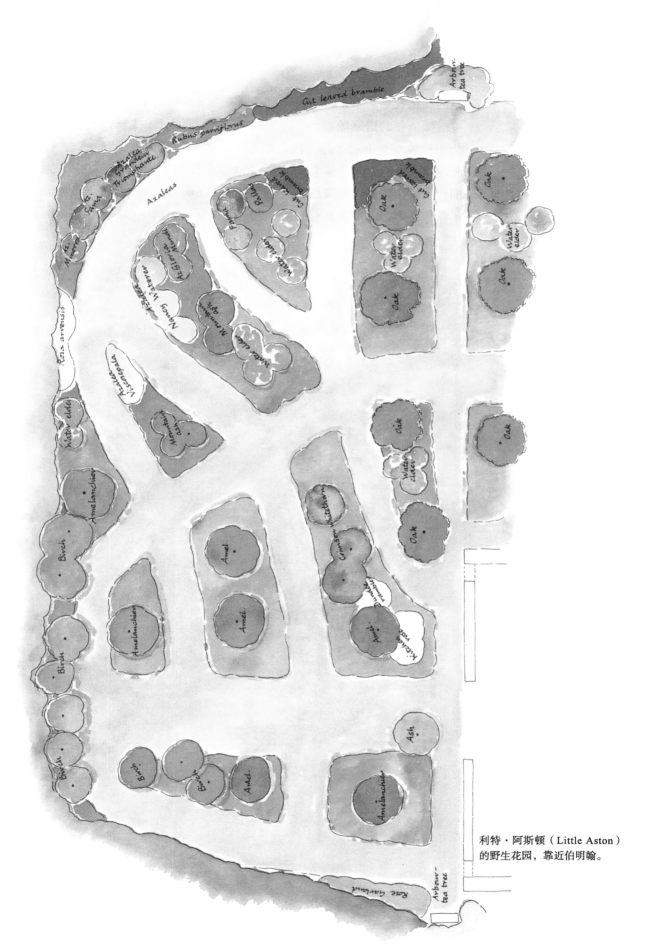

利特·阿斯顿（Little Aston）
的野生花园，靠近伯明翰。

来的真正效果。

低一些的道路随着一个优美的大转弯降低了1.5~1.8m（5~6ft），平行于护坡，与上层道路之间由飘带形植丛分隔。其中，有月季、粉色肥皂草（soapwort）向坡下弯曲并罩在半日花（helianthemum）的上面，不规则组团的玫瑰红色大花香豌豆（*Lathyrus grandiflorus*）和爬入了深色冬青（holly）较低一侧的绿白色白葡铁线莲（*Clematis vitalba*）。

利特·阿斯顿（Little Aston）
的野生花园，靠近伯明翰。

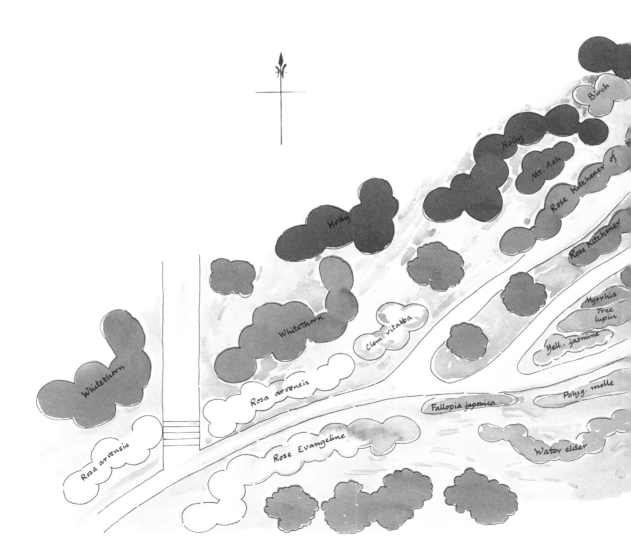

低一点的道路与第三条主路在此处汇合。第三条路沿着这里大约有
4.5~6m（15~20ft）高的主护坡底部更为急剧地盘旋，然后道路"之"
字形地绕过一块突出的岩石，向主山谷延伸了一小段。随后，道路绕着
一长条浓密的月桂叶岩蔷薇（*Cistus laurifolius*）折回，继而沿着边坡底
部较为轻松地弯曲前行，在山谷末端较高的地方重新接入其他道路。一
段短而直的交叉路连接着这两条较低处的道路，打断了谷地里变窄了的

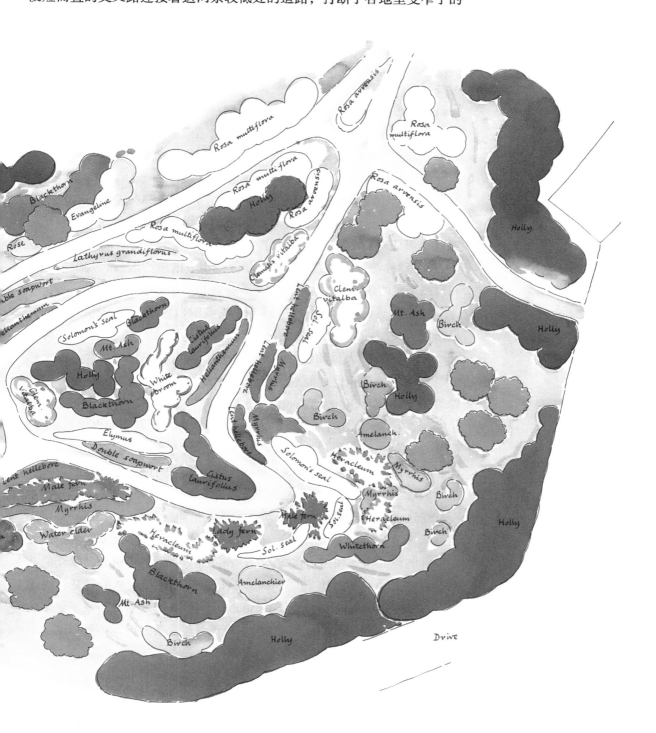

中心部分，使护坡上层叠种植的侧面景致陡然出现，在沿路缓缓展开的景观中产生了变化。

采石场中的种植是一个精彩的案例，它揭示出怎样重复使用几种好的植物确立花园的特色，在一个较小的尺度下通过些许变化产生趣味——是变化的趣味而非对比。随着植物组团的成形和巧妙的交错生长，很值得描摹这张图去研究植物组合上的发展变化。比起粗略地看看图，这是更深入地欣赏杰基尔小姐的种植技术。

图上显示已有的植被包括二十多棵小树，不是特别肯定但很可能是橡树（oak），散布在山谷两侧。在北边，有一小丛冬青（holly）和一株孤立的植物。于是，杰基尔小姐加入了更多的冬青：细长而薄的树群沿着斜坡种植，更为紧密的树群种植在坑底较平坦的东部，最后在车行路旁汇聚成大面积的边缘种植。在这个架构内种植着黑刺李（blackthorn），春天，它们裸露的黑色树枝镶嵌着大量的白色花朵，并以大组团有光泽的冬青为背景，单籽山楂（hawthorn）浅色的嫩叶顶端点缀着白色小花组成的沉甸甸的花序。结果，仅用3种植物，这块空地就被深色而有光泽、深色而又暗沉和浅的新绿色叶环绕起来，两种花期短暂却形成对照的白色花活跃了气氛，如果算上冬青那不甚显著的花朵，就有3种花。同样的模式一直延续到山谷的中心区域，其中，冬青和黑刺李将两条更低处道路的大部分分隔开来。

在这个马赛克般的种植中插入了高高的白色树干的桦树（birch），呈不规则的小组团形式种植在冬青（holly）中间，为了突出花楸（mountain ash）大量的橙色浆果和秋色叶，也将其种植在常年深绿色的冬青之间。在其他方面毫无变化的冬青（holly）组团的衬托下，两株唐棣（amelanchier）各种植在急剧转弯的道路边，增加了一点春花的强调，它的花比单籽山楂（hawthorn）更为清新但花期也更为短暂，而且它的秋色叶也更胜一筹，在秋天与花楸（mountain ash）的暖色调、单籽山楂和黑刺李（blackthorn）更为缓和的色彩一样有着较为短暂的表现。

在这漂亮的林地上，精彩如画的景致是原野蔷薇（*Rosa arvensis*）的细长嫩枝、野蔷薇（*Rosa multiflora*）被芳香白色花朵坠弯的长有光泽叶片的健壮枝条和白葡铁线莲（*Clematis vitalba*）生机勃勃攀爬的茎蔓。蔓生月季'伊万杰琳'（*Rosa* 'Evangeline'）和大丛的'基钦纳男爵'（*Rosa* 'Lord Kitchener of Khartoum'）灌丛在盛夏时节增添了更多的色彩和芳香，这告诉人们虽然是为了表现自然之美，但是不要忘记这是一个花园。

　　三种其他灌木完成了结构性的种植。开展的欧洲荚蒾（water elder，*Viburnum opulus*）组团和更为拱形生长的弗吉尼亚蔷薇（*Rosa virginiana*）漫布在谷地南部边缘的护坡上，在橡树下分别形成一条淡绿色叶和一条有暗色光亮叶的外缘，与围绕在谷地中更大区域的颜色各异的密集组团形成对比。最后，在这枝繁叶茂的山谷的入口处种植了一组黄色的素方花（jasmine）作为标志，即'外卷'矮探春（*Jasminum humile* 'Revolutum'），它长有密集且精致的亮绿色叶，夏季被亮黄色的花覆盖。从一条覆盖着白色月季和浅绿白色铁线莲的窄路看过去，没有什么植物能比它更有效地从外部环境遮掩旧采石场内部深处的场景了。

　　随着围合范围的确定，矿坑的内部边缘，在轻缓而精心地穿插于密实的冬青（holly）和单籽山楂（thorn）灌丛的道路边上，装饰着粗大优美的草本植物。木羽扇豆（Tree lupin）形成了第一块长舌形地块的骨架，穿插在圆形的素方花（jasmine）、月季（rose）和单籽山楂之间，无数的浅蓝色、黄色和白色的穗状花序组成的图案效果得到充分展现。而羽扇豆（lupin）的基部并没有展现出最优雅的特点，因为基部被甜芹（sweet cicely，*Myrrhis odorata*）掩藏了，它大量细密的似蕨类的叶子以及米白色的柔软花头填满了高高的羽扇豆下部。花期过后，羽扇豆和甜芹都会被重剪，对于前者可以延长它们短暂的生命，对于后者则可以再次萌发浅色如丝般的叶子。沿着道路往更远的地方，一长条黄精（Solomon's seal）形成了林地春天的美景，在对面阳坡上的半日花（helianthemum）、肥皂草（soapwort）和玫红色豌豆（pea）的对比下，

黄精（solomon's seal）悬起的拱形枝条上，开放着淡绿色的花朵，这些花从珍珠似的花蕾直到绽放出铃铛形的花朵都呈现出这种微妙的色彩，优雅而惊人的叶脉和波浪形的叶片呈淡绿色，它体现了林地所有的魅力。杰基尔小姐在利特·阿斯顿（Little Aston）采石场的较低区域以飘带形种植了大量的黄精团块。

显得更加清爽和优雅。

那些喜阳植物组丛所展现出的柔和的色彩，继续出现在道路的角落里，一组月桂叶岩蔷薇（*Cistus laurifolius*）强调出了道路的急转弯。它暗灰绿色的常绿组团以一个更为轻盈和低矮的形式重复出现，下面种植半日花（helianthemum）作地被。从这个转弯开始，道路开始下行，路面最高的位置与边坡离开了一点距离。在道路与边坡之间的凹地种植了深色的、粗大叶的东方铁筷子（Lent hellebore）、拱形的黄精（Solomon's seal）和淡色的甜芹（sweet cicely）。在更深的凹入处，较大的黄精团块流动地布置于欧洲鳞毛蕨（male fern）、蹄盖蕨（lady fern）和高大挺拔的独活（hogweed）之间。独活巨大的车轮形花朵长在大而有光泽的叶片顶端，与其基部种植的低矮的甜芹之间有些许出人意料的关系。从这一点起，种植模式重复中带有变化：岩蔷薇（cistus）守卫在第二个急转弯处并且引出另一组肥皂草（soapwort），这时，长着尖锐的、蓝灰色叶的欧滨麦（*Elymus arenarius*）冒了出来；更多铁筷子（hellebore）的深色叶强调出道路的曲线——它们下垂的白色和紫色花使得冬季景色欢快起来；再一次审视那条长长的羽扇豆条带，它们纤细的花序与层峦起伏的山峰，或是山腰上坚挺的云杉（sprucy）树林相呼应。铁筷子那近乎常绿的叶子为欧洲荚蒾（water elder）下方浅色的欧洲鳞毛蕨（male fern）和泡沫状花的甜芹（myrrhis）提供了视觉支持，而灰暗的绢毛蓼（*Polygonum molle*）团块和蔓生茎的虎杖（*Fallopia japonica* var. *compacta*）（有着光滑的叶子以及粉色和白色的花穗）又为多变而协调的美景增添了宁静的气氛。

参照学习杰基尔小姐应用乡土植物的做法早已开始，比如她在芒克斯伍德和其他地方播种种植荆豆（gorse）和金雀花（broom）、单籽山楂（thorn）和橡树（oak）。但是，在芒克斯伍德花园尤其是利特·阿斯顿的采石场花园中展示的"生态种植"的另一层面，值得我们停下来细细思考，即作为野生花园的功能，特别是作为鸟类的天堂。浓密的冬青、荆棘和橡树，以及野生的和栽培的月季缠绕在一起，支撑着多种昆虫的生活并为许多鸟类提供庇护的筑巢点。唐棣（amelanchier）和花楸（mountain ash）的果实对冬青（holly）、单籽山楂（thorn）、月季（rose）、荚蒾（viburnum）形成补充，同时桦树（birch）和独活（hogweed）的较小种子喂食着另一些鸟类。鸟的鸣叫，以及不断运动着的鸟类和昆虫进一步扩大了野生花园视觉美景的范围，其色彩和香味在喧闹的世界外创造了一块空灵的天地。

台阶和墙垣

种植软化坚硬的界线

里格纳尔林地，白金汉郡（Rignalls Wood, Buckinghamshire）

巴顿圣玛丽，苏克塞斯郡（Barton St Mary, Sussex）

弗兰特庭院，苏克塞斯郡（Frant Court, Sussex）

布莱米特，苏克塞斯郡（Brambletye, Sussex）

灰色叶水苏（stachys）植物株丛如瀑布般从厄普顿·格雷（Upton Grey）花园的围墙上倾泻而下，开着优美花朵的楼斗菜（columbine）在围墙的上下点缀着，统一了花园中的不同高度，柔化却并不遮挡由挡土墙和紫杉（yew）树篱形成的坚实的骨架。它们都与优雅的蔓延到墙体和绿篱上的红花绣球藤（Clematis montana var.rubens）交织在一起。（上页图）

1901年，在《森林花园》（Wood and Garden，1899）和《家和花园》（Home and Garden，1900）取得可喜的成就后，杰基尔小姐出版了书籍《围墙和水景花园》（Wall and Water Gardens）。这个主题本身很有趣，结合了植物生活的两种极端环境——干砌围墙上的高山植物和耐旱植物，以及花园池塘中及其周围的水生植物和滨水植物。然而，书中更为重要的是阐明两种明显极端的园艺形式——规则式和自然式结合在一起的可能性。

杰基尔小姐想在干石墙上做花园的想法酝酿了很多年，在萨里郡满是岩石的马路护坡上她看到了深深扎根在沙石中的植物，也看到了全国各地干石墙上生长的植物，出国访问期间还看到了在废石堆上生长的植物，这些都激发了她的设计灵感。

在芒斯特德·伍德的夏季花园中，她使用了一堵较宽的双面干石墙，约有60cm（24in）高，作为整个设计的骨架，在花园不规则的中心区的外面，围绕着这条凸起石脊的三个边营建了一条长而窄的花境。凸起的部分种植了"重要的精细形式的植物组团"，如常绿大戟（*Euphorbia characias*）和它的亚种吴氏大戟（*Euphorbia characias* ssp. *Wulfenii*）、丝兰（yucca）和厚敦菊（othonna），它们为老鹳草（geranium）、美人蕉（canna）、唐菖蒲（gladiolus）、钓钟柳（penstemon）以及其他的夏季花坛植物形成了安静的背景，这引起了来芒斯特德·伍德花园参观者的阵阵惊叹。

在《花园的色彩设计》一书中，她描述了"一些漂亮的插曲"，一片播种的塔形风铃草（*Campanula pyramidalis*），一片蔓延的百里香（thyme）和任意生长的野生铁线莲（clematis），（经过一些细心的编排）用来装饰从房屋通向一条步道的浅台阶，那条步道从草地引向了林地。

乳黄堇（*Corydalis ochroleuca*）从赫斯特考姆花园（Hestercombe）的围墙和石拱门下的台阶上冒出来，突出了环境中凉爽、蔽荫的特点。在另一边，紫堇属（*Corydalis*）植物似蕨类的小枝探入了泛有光泽的墨西哥橘（*Choisya ternata*）丛中，并由此蔓延进入了粗大叶的丝兰（yucca）和大青属（*Clerodendrum*）植物中。随着时间的推移其他植物也开始陆续出现——零星点缀的荷叶蕨（hart's tongue）花丛，以及偶尔出现的暖色的缬草（valerian）花丛——很难说出哪些是自然生长的，哪些是设计过的。（下页左图）

这样的一些例子说服埃德温·路特恩斯（Edwin Lutyens）做了在维多利亚女王时代的建筑师们看来是大逆不道的事情，他们为了保护原来精心制作的菱形花格砖砌墙会反对任何一丝一缕植物的遮挡，而路特恩斯故意在漂亮的挡土墙上凿孔，并在铺装与台阶的接合处预留空间，为杰基尔小姐的种植提供场地。于是，路特恩斯复杂几何形的建筑结合杰基尔小姐精心配置的飘带形花卉形成了最迷人的效果：开着极小花朵的高山植物团块如瀑布般泻下，更能靠近游览者的眼睛和鼻子，更便于观赏；反复出现的竖直的金鱼草（antirrhinum）、毛地黄（foxglove）和毛蕊花（verbascum），圆球形的缬草（valerian）和薰衣草（lavender）花丛从墙面上冒出来，以及爪瓣鸢尾（*Iris unguicularis*）的花簇偎依在墙角，它们在受局限的场地上激发出了更为丰富的花卉景观。

白金汉郡的里格纳尔林地（Rignalls Wood）展示了建筑和园艺高度统一的第一个层面。长而连续的台阶，大约3m（10ft）宽，折叠在斜坡上，连接着高处的玫瑰花园以及藤架和低处的草坪。

在每个台阶的基部，相同的两条低矮的植物从台阶边缘涌出，几乎到达了台阶中心线的位置，芒斯特德·伍德花园台阶上的这些小动作极大地增加了似乎偶然的美。这里的植物数量被精心地加以控制，使得台阶得到很好的装饰却不被阻塞。从台阶两边伸出的植物之间的距离很近但却不会蔓延到台阶踏步的中间。这样，在植物团块之中形成了一条舒适的漫步路线，游人不会有压迫感，而且还柔化了建筑的僵硬，却又不会完全掩盖建筑线条。对地毯形植物花后进行的重修剪、对垫状植物进行的分株和补植以及来回踩踏对植物的遏制等方式共同作用，保持了植物和石作之间的平衡。

如同精美的花境、月季园、凉亭和堤坡上的设计一样，台阶上的种植也得到了细心的考量。高处的台阶种植了南庭荠（aubrieta），与上方花园中灰色叶榄叶菊（olearia）的柔和色调相呼应。紧接着种植浅粉色

如瀑布般的乳黄堇（*Corydalis ochroleuca*）也自由地种植在厄普顿·格雷花园蔽荫的围墙里，还有亮绿色的荷叶蕨（hart's tongue）与围墙上方的丝兰（yucca）呼应，成为这里的突出景观。在墙的顶部，荷叶蕨清新的色彩在伦敦虎耳草（London pride）的丛生叶团中重复，在这儿可以近距离地研究它有着淡色花的纤细花枝。

半透明的橘黄色和柠檬黄色的威尔士罂粟（Welsh poppy）在杰基尔小姐里格纳尔林地花园的种植方案中扮演了很重要的角色，它们明亮、清澈的色彩在红籽鸢尾（*Iris foetidissima*）和荷叶蕨（hart's tongue）的背景中闪耀。

的大花费菜（*Sedum spurium*）和季节晚些时候有观赏趣味的垫状灰色石竹（pink）。黄色的大花费菜种植在石竹之后，而丝状的灰色密花蓍草（*Achillea compacta*）与灰色叶的南庭荠（aubrieta）和石竹以及开深黄色花的景天（sedum）配置在一起。在第一段台阶的基部，色彩从粉色圆锥虎耳草（*Saxifraga paniculata* 'Rosularis'）逐步加深到有着漂亮的亮紫色叶丛的深红色大花费菜。

经过第一段台阶的平台后，台阶回转90°，植物的种植方式也伴随着这种方向性的改变发生了标识性的变化。在向南延伸的台阶上，对称性成对出现的植物斑块被截然不同的形式代替，在种植上有着明显的南北差别。在南向朝阳的挡土墙前，种植着长条的蓝色和白色的岩荠叶风铃草（*Campanula cochleariifolia*）和广口风铃草（*Campanula carpatica*），虎耳草（saxifrage）以及亮黄色沟酸浆（mimulus）；在北向较背阴的台阶尽头种植了荷叶蕨（hart's tongue）和红籽鸢尾（*Iris foetidissima*），紧靠台阶边缘的丛生植物，极大地增强了人们想通过台阶离开高高的挡墙去往台阶下开敞区域的愿望。一缕精致的林地植物结节酢浆草（*Oxalis articulata*）从一簇深绿的鸢尾叶丛基部涌出，让南北的区分不会过于明显。它们的存在把一条微妙的曲线引入到了第二段台阶的种植之中，也呼应了下台阶的自然转向，顺利完成了第二段台阶的180° 转向。这一流动的曲线也被平台上的其他种植轻微地强调，在上层平台背阴的外折线处是荷叶蕨和较粗大的欧洲鳞毛蕨（male fern），下层平台种植着爪瓣鸢尾（*Iris unguicularis*）。在这背风狭小的角落里，整个冬天爪瓣鸢尾狭长灰绿色的叶丛中显露着浅色、芳香的花朵。

不对称性种植在第三段台阶中重复出现，蓝色和白色的广口风铃草（*Campanula carpatica*）再次种植在向阳的一边，此外还有浅粉色的圆叶八宝（*Sedum ewersii*）（用在海芒特花园的屋顶）、白色的团状蝇子草（silene）和大量的蓝雪花（*Ceratostigma plumbaginoides*）从较低的台阶延续到平台上。

植株低矮、铺展的蓝雪花（ceratostigma）喜欢生长于围墙基部炎热干燥的花境中，为杰基尔小姐所称颂。在里格纳尔林地中应用它尤其适宜。在蓝雪花所覆盖的台阶处，侧边围墙回折围出一个狭窄的、抬升的种植床，种植着‘里卡顿’倒挂金钟（*Fuchsia* 'Riccartonii'），漂亮的深红和紫色的花朵会开放在接近人的视线高度。入秋后蓝雪花从铅灰色的绿叶变为略紫的深红色叶，开放的大量浓蓝色花朵能够陪衬倒挂金钟大片的亮丽色彩。在天气不错的冬季里，观赏性可以一直持续到爪瓣鸢尾（*Iris unguicularis*）最早的花朵绽开它们的脉状花瓣。

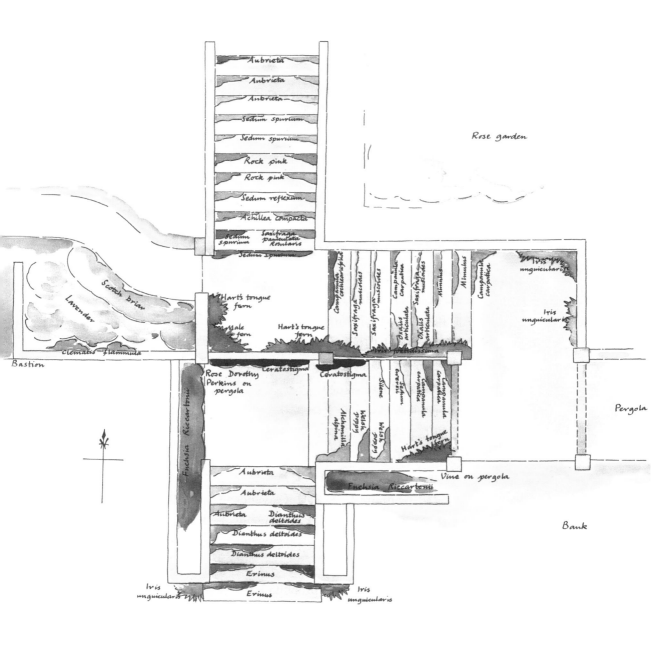

在第三段台阶背阴面，美丽的荷叶蕨（hart's tongue）花丛再次出现，鲜黄的威尔士罂粟（Welsh poppy）伸展的组丛重复台阶上蜿蜒的曲线，最末端是整齐鲜亮的垫状高山羽衣草（*Alchemilla alpina*），植株上部叶片亮绿色，与荷叶蕨相似，下部被毡毛的叶子与最后一段台阶开始几个踏步上的南庭荠（aubrieta）和石竹（pink）相协调。当台阶最终从挡土墙紧紧的限定中来到开敞的草地时，最小和最迷人缝隙填充材料之一的狐地黄（*Erinus alpinus*）有深绿色的丛生叶，被用来覆盖最下部的台阶，同时成对出现的爪瓣鸢尾（*Iris unguicularis*）花丛标识在台阶、草地与花境的交界处。

苏塞克斯郡巴顿圣玛丽（Barton St Mary）的墙垣和台阶的种植设

白金汉郡的里格纳尔林地（Rignalls wood）中的台阶。

137

计图展示出建筑和种植相结合的下一个层面。在这里，植物种在墙垣上而非台阶上。挡土墙如果向支撑的斜坡倾斜会增加强度，因为大部分重量会传递到斜坡上而不是垂直地落到墙体基部。对于不用砂浆接缝的干砌石墙，斜面或斜坡是必不可少的。在《围墙和水花园》一书中杰基尔小姐介绍了一种30cm（12in）高倾斜5cm（2in）的做法，不仅为其提供必要的重量支持，还能辅助雨水渗透进墙体缝隙里，从而流至墙上植物的根部。

相对于完全垂直的围墙，有一定倾斜角度的墙体能更好地增强视觉的厚重感和柔化花园中水平面（草地或铺路）与垂直面结合处的生硬感。此外，当台阶退入上层台地和超出墙线伸到下面的铺装地面时，水平方向和垂直方向上打断的感觉会被进一步弱化。从墙基冒出的植物和墙顶、墙面、台阶上的植物叠合在一起的效果有助于消融水平面与垂直面之间僵硬而索然无味的几何线条，让石作与植物成为如画般的连续统一体。

在巴顿圣玛丽花园，水平和垂直方向上的区分非常清楚，但是路特恩斯在斜坡草地上将支撑规则式南花园的墙体微微倾斜，产生了一种随意的美，从花园东部伸出的浅浅台阶提升了这种感觉。而杰基尔小姐的种植设计增强了这种随意的效果。

南面围墙上的种植主要是灰色叶的植物，包括南庭荠（aubrieta）、猫薄荷（catmint）、薰衣草（lavender）等，它们呈现出一派淡蓝紫色花次第开放的景象，与水苏（stachys）、岩生石竹（rock pink）、缬草（centranthus）的柔粉色花和淡玫瑰红的金鱼草（snapdragon）搭配在一起十分协调。在南面围墙的西端，长条形白色卷耳（cerastium）与墙体东侧的大片丝石竹（gypsophila）相呼应，极为醒目；丝石竹无数纤细的灰色茎干挺拔向上，越过围墙，在再次向上卷曲生长之前，阶段性的垂蔓下来盖满整个墙面。丝石竹近旁的圆球形膜萼花（tunica）花丛白

苏克塞斯郡巴顿圣玛丽（Barton St Mary）中的围墙和台阶。

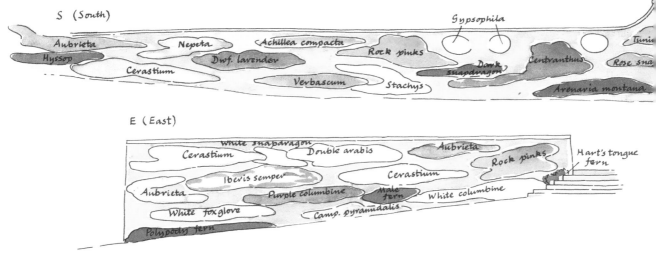

厄普顿·格雷（Upton Grey）花园中，当阳面挡墙上较早出现的南庭荠（aubrieta）色彩褪去时，它们柔和、淡紫色的景观则由更高组团的灰色叶猫薄荷（catmint）延续下去。半球形花丛的猫薄荷整齐地从围墙上倾泻而下时更是别有韵味，猫薄荷不计其数的花葶呈现出细微而连续的竖向线条，这里的金鱼草（antirrhinum）不仅重复着这一特征，而且漂亮茎叶上的浓白色花还产生了醒目的点缀。

中透红，与围墙基部一缕细长的山蚤缀（*Arenaria montana*）一道，在如石灰一样煞白的丝石竹（gypsophila）和浓烈一点的粉色金鱼草、缬草（valerian）的花丛之间进行了很好的色彩过渡。

在这朦胧柔和的画面中，插入了颜色较为浓烈的点缀，有密花蓍草（*Achillea compacta*）的黄铜色伞房花序和相似颜色的毛蕊花（verbascum）花穗。毛蕊花有着亮黄色的花，但是整体效果因为植物叶片和穗状花序上的灰色、羊毛似的绒毛而显得柔和。深绿色也同样扮演重要的角色，例如围墙西端海索草（hyssop）光亮的圆球形植丛，它星星点点的蓝色花朵加入到了薰衣草（lavender）和猫薄荷（catmint）弯弯曲曲的花丛中；还有，接近围墙东侧的一小簇深红色金鱼草（snapdragon）也很重要，它加深了下面缬草（centranthus）的色彩效果，同时直直地挺立以强烈的丰满色彩与一缕缕丝石竹（gypsophila）形成了对比。

在东侧挡墙上重复使用了南面挡墙上的一些种植手法。墙两端种植南庭荠（aubrieta），大丛的雪白色的卷耳（cerastium）和岩生石竹（pink），它们灰绿色植块的柔和感呼应着顶部中央长条形的重瓣南芥（arabis）。但是，南墙上朦胧的灰色特征在较冷的东墙上转变为更加柔和、覆有白粉的灰绿色，花朵的暖粉色和淡紫色也变化为白色和紫色的组合。白色金鱼草（snapdragon）株丛从大片平平的南芥和卷耳

（cerastium）组丛中探出，与生长在低矮潮湿区域的长组团的白色和紫色耧斗菜（columbine）花丛一起确定了这个冷色调的组合。南墙上喜阳的毛蕊花（verbascum）在东墙上被白色毛地黄（foxglove）取代，长条状种植的塔形风铃草（*Campanula pyramidalis*），以其浅蓝色的穗状花序让主画面臻于完美，这令人想起芒斯特德·伍德花园台阶上的种植组合。

由于地下水的渗透，挡墙较低的部位通常比上部更为潮湿。在巴顿圣玛丽（Barton St Mary），这一特点被利用，显现在种植上，应用浅绿色叶的耧斗菜（columbine）和毛地黄（foxglove），搭配深色、亮绿色叶的欧亚水龙骨（polypody）一种耐干旱，但在水分条件充沛的情况下叶丛更为丰满的植物。浅色的荷叶蕨（hart's tongue）标示了围墙和台阶的交接，一丛醒目的欧洲鳞毛蕨（male fern）株丛从耧斗菜（columbine）花丛中挺出，就像南墙上的丝石竹（gypsophila）一样优美醒目。从南墙暖色调地中海风格的种植到一块冷色调的林下地被，之间的距离很短，纤柔晶莹的耧斗菜（columbine）、灰白叶色的毛地黄（foxglove）和蕨（fern）三种植物的组合产生了微妙而显著的变化。在东墙上，颜色深绿的常绿屈曲花（*Iberis sempervirens*）的种植也体现了这种变化，它嵌入在墙顶部的灰绿色叶丛与基部更为透亮的浅绿色植丛之间，如同南墙上的海索草（hyssop）一样锚固了整体的色彩

组合，也令人惊奇地协调了上部喜阳和下部喜阴的植物。

彩色平面图便于欣赏色彩组合和发现其中的变化，但是色彩只是这种细心规划的植物组合的一个方面。形式也同等重要。这里，设计的基本要点是低矮的植物瀑布般地垂落在墙体表面形成近乎连绵不断的基面，有南庭荠（aubrieta）、卷耳（cerastium）、水苏（stachys）、蚤缀（arenaria）和石竹（pink），在适当的位置凸起猫薄荷（catmint）、薰衣草（lavender）、耧斗菜（columbine）和缬草（centranthus）的丘状植丛。与其形成对比的是竖向线条的植物，如毛蕊花（verbascum）、毛地黄（foxglove）、风铃草（campanula）和金鱼草（snapdragon）。最低矮的植物材料种植于围墙的较高处，它们在园丁限定的范围内垂落着，不侵扰上部的景观。竖线条的植物通常使用在较为低矮的区域，如此一来，人们在欣赏花朵时有一片色彩协调的叶丛帷幕或是石墙的背景为衬托，不会因为种植点过高而只能看到花葶纤细的轮廓。

在这非常简单的地被形态和尖耸形态的均衡之中，有着很多协调与对比的微妙变化。在南面围墙上，长条形蜿蜒种植的水苏（stachys）株丛围绕在毛蕊花（verbascum）的基部，以更白一些、丝绒般的叶色支撑着后者粗大的灰色叶，也把富于吸引力的暗粉色的花穗加入到了毛蕊花更为高耸、毛绒绒的黄色花柱丛中。不远处成排种植的深色金鱼草（snapdragon）如同哨兵般挺立，与上部垂下的丝石竹（gypsophila）有着明显的对比，丝石竹薄雾般弥散的白色小花包裹着金鱼草柔软的红色穗状花序。在东面挡墙上，植株高大的白色金鱼草的种植位置经过细心考量，位于墙顶部下方的它们，在花期时才会高出墙顶，呼应着不远处丝石竹更为圆润的轮廓，同时窄条状的耧斗菜（columbine）既有着漂亮绿灰色叶的圆丘形状，而且它们修长的花葶挺立于欧洲鳞毛蕨（male fern）拱形株丛之中和上面，重复了竖向的线条。

斯代尔曼斯（Stilemans）花园位于萨里郡的戈德尔明，其中有一幅漂亮的绘图展示了墙体种植，其手法与巴顿圣玛丽（Barton St Mary）大体类似：其上有卷耳（cerastium）、岩生石竹（pink）、南庭荠（aubrieta）和猫薄荷（catmint）的花丛，此外还添加了庭荠（alyssum）、矮小的福禄考（phlox）、半日花（helianthemum）和大花费菜（Sedum spurium）等材料。不过，在斯代尔曼斯花园其设计意图明显意在模糊围墙的轮廓。墙面上和沿着墙顶种植了低矮的薰衣草（lavender），修长的罂粟（poppy）和灰色叶的厚敦菊（othonna）也是如此。一大丛条纹庭菖蒲（Sisyrinchium striatum）占据了围墙顶部的视觉焦点处，它长而尖的扇形叶，绿中带有条纹，能够盖满墙上的一层台阶；爪

在厄普顿·格雷（Upton Grey）围墙上的白色和粉色缬草（valerian）花丛，在花园里营造了野外岩石峭壁上生长的自然随意感。围墙基部生长着蒿（artemisia），银色的叶子和缬草的头状花序一样向上生长着获取阳光，而地毯般的青铜色叶大花费菜（Sedum spurium）则处在阴影中。（上页上图）

灰色叶子的紫色风铃草（campanula）和柔粉色海石竹（thrift）在厄普顿·格雷（Upton Grey）的围墙上组合出一幅十分协调的画面。风铃草那粗壮卷曲的花葶从暗色、平垫状的海石竹中冒出，给整个景观增添了一种活泼的气氛。（上页下图）

瓣鸢尾（*Iris unguicularis*）沿着阳光充足的墙根部和在角落处重复出现，重复了条纹庭菖蒲尖尖的轮廓。一长簇的蓝雪花（*Ceratostigma plumbaginoides*）打破了鸢尾（iris）花丛的韵律，它的铅绿色叶子与相对较浅的鸢尾灰绿色植物叶子十分协调。在较晚的时候，薰衣草的蓝灰色花序褪变为淡的灰褐色之后，蓝雪花的亮蓝色花成为观赏趣味点。

这些以及很多其他在墙上、墙下和墙面的种植案例为小型的城市和城郊花园提供了丰富的创作灵感，可以给犹如棺椁一般抬起的花台带来耳目一新的变化，本来它们只是用来强调典型住宅花园的粗硬线条。在清水砖砌住宅的后花园中，有一个复杂的粗糙毛石墙和台阶的组合体，看上去当然会不协调。但是，建造些下沉的区域和抬起的台地来形成水平和竖向线条上的重复，以及房屋的建筑材料在挡墙和台阶上的重复，会让房屋和花园统一起来。随着这种统一感的确立，成直线布置的柱子或是断层会降低朴素的建筑墙体和又长又直篱笆的体量感。另外，大量的攀缘植物和爬墙植物可以装点所有建筑上的线条。这些措施会使得一个方盒子一样的后院变成华丽而令人向往的伊甸园。

要想柔化水平线条和竖直线条上的陡然转换时，挡墙和台阶（尤其是石质墙体和台阶）上可以作出各种处理，从干净利落的建筑上的方法到粗犷的自然式手法，可以结合维多利亚鼎盛时期模仿自然的高山景观和爱德华时期的假山。

在北威尔士的普日萨德费花园（Presaddfed），规则的台阶和台地以优美的层级关系从住宅前面开始逐层降下。而粗朴的台阶以长长的段落沿着位于台地末端和界墙之间的山谷蜿蜒而下。种植在台阶旁的植物蔓延穿过踏步，进入漂亮的春季花园，融入色彩鲜艳的植物条带中。

在苏克塞斯郡的弗兰特庭院（Frant Court），台阶的规模更大且更为简洁：一条长而蜿蜒的台阶由12级左右的梯段组成，从环绕着房屋的规整式花园开始下降，穿过一个小型幽谷，在野生花园里与其他小径相

在赫斯特考姆花园（Hestercombe）的台阶和围墙上，墨西哥飞蓬（*Erigeron karvinskianus*）开着花的细弱组团和芳香的忍冬（honeysuckle）较为粗大的茎叶软化了建筑的线条，却并不掩蔽建筑上的优美比例。在台阶和围墙连接处，飞蓬（erigeron）的主组团消减为南向墙面上的小块和勾勒台阶踏步的植物条带中的小团。在较阴些的东向围墙上，忍冬（honeysuckle）的冷色调被乳黄堇（*Corydalis ochroleuca*）柔软的组团衬托出来。（左图）

金色和银色的花叶常春藤（ivy），沿台阶踏步的立面攀爬着，周年展现着富有生气的色彩组合。在台阶顶部，常春藤的白垩色被水苏（stachys）毛茸茸叶的浅白色强化。在底部较潮湿的环境中，淡紫色的堇菜（viola）与常春藤鲜明的金绿色形成鲜明的对比，同时与攀爬覆盖着墙体的铁线莲（clematis）的暖色相呼应。（右图）

接。第一个转弯穿过原有的杜鹃花（rhododendron）丛和其他深绿色植物，有效地将上面的规则式花园与更为自然的野生花园划分开。回转的拐弯更长，曲度更优美。杰基尔小姐做了花境种植。弯道内边的种植简洁、节制，大丛的'坎宁安白'杜鹃（*Rhododendron* 'Cunningham's White'）、白珠树（pernettya）和可巧杜鹃（*Rhododendron × myrtifolium*）形成植物组合的骨干。它们支撑着道路的曲线，植物组团逐渐递减的高度强化了场地的坡度。茵芋（skimmia）、黑海瑞香（*Daphne pontica*）和高山玫瑰杜鹃花（*Rhododendron ferrugineum*）较低矮的常绿植物组成中景，长组团的黄精（Solomon's seal）、欧洲鳞毛蕨（male fern）、铁筷子（hellebore）、耧斗菜（columbine）和鹿药（smilacina）作为林地中的几笔清新的色彩来调节常绿的框架。浅色、泡沫状甜芹（myrrhis）填充在生长缓慢的杜鹃花（rhododendron）中，前面是地杨梅（woodrush）。更为靠近步道的地方，地杨梅似草的组丛重复出现在红籽鸢尾（*Iris foetidissima*）的深绿色叶丛中。

很多与上述相同的植物应用在了弯道的外侧，只是种植成较短的条带，弯曲着离开道路，把视线引向种植。背景里，原有的杜鹃花（rhododendron）组丛形成了一定的高度，配置了'坎宁安白'杜鹃（*Rhododendron* 'Cunningham's White'）和其他耐寒杂交种，以及本都山杜鹃（*Rhododendron ponticum*）和冬青（holly），它们比对面一侧的背景植物更高一些，把更具装饰性的植物围合在了暗绿色的凹形空间中。茵芋（skimmia）、白珠树（pernettya）、可巧杜鹃（*Rhododendron × myrtifolium*）和黑海瑞香（*Daphne pontica*）呼应着小径另一侧的植物，结合着较低矮的高山玫瑰杜鹃花（*Rhododendron ferrugineum*）、暗色而圆形株丛的月桂叶岩蔷薇（*Cistus laurifolius*）和落叶的绣球花（hydrangea）让植物组合呈现变化。在这里主要是常绿灌木的圆球形场景中，交织着窄条的颜色较浅的植物——蓝色、深紫色和白色的耧斗菜（columbine），黄精（Solomon's seal）和欧洲鳞毛蕨（male fern），就像道路的另一边一样；还有半日花（helianthemum）、石南（heather）、香科科（teucrium）、山蚤缀（*Arenaria montana*）等植物。

弗兰特庭院石台阶的种植在很多方面类似于格雷斯伍德山花园（Grayswood Hill）、福克斯山花园（Fox Hill）和德雷顿林地花园（Drayton Wood）里的岩石园和野生花园的种植。但是，值得注意的是弗兰特庭院以非常明显的方式用植物缀饰道路——道路一侧是绿绒蒿（meconopsis）、光泽的细辛（asarum）和鹿药（smilacina），道路对侧是虎耳草（saxifrage）、香科科（teucrium）和蚤缀（arenaria）。这种做法很明显是想让植物垂落到踏步上，偶尔有植物恰好爬过台阶，与另一侧的植物融为一体，让台阶也成为种植设计内在的一部分。

在苏克塞斯郡的布兰姆伯利泰（Brambletye）花园，围墙与植物达到了合二为一的境界。网球场和凉亭所在的场地被整理成略带横坡的台地，切入庭院的东角，坐落于向西的自然地势的上方。部分挖掘产生的余土被堆放在网球场的外围，把花园中原来僵硬呆板的创伤变成了地形起伏的景观，下方是网球场，上方是一个环形的规整式花园，一条轻微弯曲的道路穿过中间浅浅的沟谷。两边都有山石护坡，随坡度而变化，从近于垂直的干砌石墙变化到较平缓部分的更自然的层叠，都被种植成有代表性的杰基尔的方式。

苏克塞斯郡的弗兰特庭院（Frant Court）的台阶。

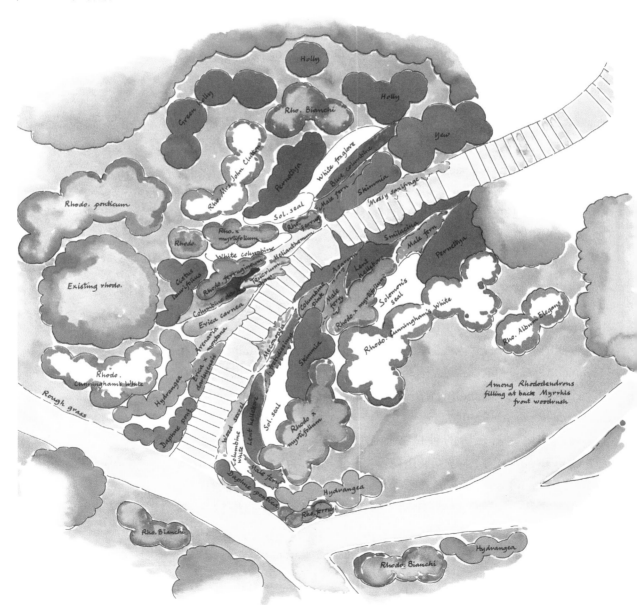

在西南向温暖的斜坡上，以灰色叶为主导——沙棘（sea-buckthorn, *Hippophae rhamnoides*）在最高点，月桂叶岩蔷薇（*Cistus laurifolius*）以及糙苏（phlomis）植于两侧，株形独特的丝兰（yucca）种植在较低的位置，靠近网球场。长条状种植的开花植物缀饰着球场的边缘，形成淡灰蓝色的开花序列，与灰色叶植物相协调。它们中的香根鸢尾（*Iris pallida* ssp. *pallida*）、奥氏刺芹（*Eryngium × oliverianum*）、低矮的薰衣草（lavender）以及大卫铁线莲（*Clematis heracleifolia* var. *davidiana*）能够将花期从晚春延续到秋初，其中三种除了观赏特征外还具有引人入胜的芳香。厚敦菊（othonna）铺展的团块，神圣亚麻（santolina）毛茸茸的圆团和'日耀'达尼丁常春菊（*Brachyglottis* 'Sunshine'）大一些的圆球形植丛完善着灰色的主题。

边坡转过网球场的角落处，由于圆形花园周围树篱的遮挡，环境条件越来越阴。设计了一个新的种植主题。短管长阶花（*Hebe brachysiphon*）、黄杨叶拟婆婆纳（*Hebe buxifolia*）、常春藤（ivy）（普通常春藤自由生长的灌丛形式）和岩白菜（bergenia）交合出更深、更暗的各种绿色的基调，可以非常舒缓地协调丝兰（yucca）的粗大轮廓、直立铁线莲（*Clematis recta*）暗沉而醒目的铅绿色。总体的效果与不远处大卫铁线莲（*Clematis heracleifolia* var. *davidiana*）大而光滑的掌状叶、离散而厚的花瓣所形成的效果很不一样。总体上，在绿篱的北边，深色调的种植从球场向外延续，有欧亚圆柏（savin, *Juniperus sabina*）、更多的岩蔷薇（cistus）和长阶花（hebe）、茵芋（skimmia）、岩白菜（bergenia），以及朴实无华却有着醒目黑干的广枝紫菀（*Aster divaricatus*）。

一条山脊由凉亭伸出，暗色的叶子也被用来区分强调山脊的西南坡和东北坡。在山脊的高处，灰色的沙棘（hippophae）和糙苏（phlomis）迅速让位于散布的深色茵芋（skimmia）、成簇的假叶树（*Ruscus aculeatus*）、长条状种植的欧洲鳞毛蕨（male fern）和红籽鸢尾（*Iris foetidissima*）。然而，这里也有一些重要的月桂叶岩蔷薇（*Cistus laurifolius*）组团，用于连接灰色叶、喜阳的植物和东北坡的深绿色植物。耐全日照也耐阴的岩白菜（bergenia）再次用在道路的边缘，与淫羊藿（epimdium）交替种植在较阴的一侧，寻求更为明亮的效果。

在小径远处的西南坡，地势较为平坦，种植方式较为宽松和简单：吴氏大戟（*Euphorbia characias* ssp. *Wulfenii*）、月桂叶岩蔷薇（*Cistus laurifolius*）和老鼠簕（acanthus）形成背景，前面交替种植着成簇的芍药（peony）和文珠兰（crinum），旨在以粗放和松散的方式提升它们所依附的山石的特征。这种粗犷的手法一直沿用到东北坡，那里蹄盖苏克塞斯郡的布兰姆伯利泰（Brambletye）岩石园。

蕨（lady fern）、欧洲鳞毛蕨（male fern），荷叶蕨（hart's tongue）、细辛（asarum）组合营造出一幅浅绿色的画面，把岩石上的种植与远处树荫下的花园融合在了一起。

值得注意设计中是如何分布和重复各种植物去提升而非掩盖其中山石的特征的。还有，在关键点上的种植是如何变得密集起来：在这块窄条形石坡的一端是老鼠簕（acanthus）、文珠兰（crinum）和岩白菜（bergenia），另一端是茵芋（skimmia）、红籽鸢尾（*Iris foetidissima*）以及荷叶蕨（hart's tongue）和细辛（asarum），以此强化组合和减弱山石的视觉特征，重新回到了种植密集的花境和草地相结合的方式。

146

杰基尔小姐为布兰姆伯利泰
（Brambletye）花园山石坡地
所绘的效果草图。

　　布兰姆伯利泰花园是展示杰基尔在干砌石墙上和山石中进行种植的
非常好的例子，因为她的种植图中还有从平面图想象出来的漂亮的三维
草图。从干石墙到山石斜坡的转换、尖刺的丝兰（yucca）考究的分布、
岩石与种植之间的平衡、紧实的岩白菜（bergenia）到棉花般柔软的薰
衣草（lavender）在体量感上的变化，都表达在杰基尔小姐娴熟的笔触
中。书中平面图还揭示出，如果对尺度、布局以及岩石中的种植进行仔
细的研究，那么就可以轻而易举地将规整的网球场与崎岖不平的岩石这
些分散的元素融合。

阳面和阴面

探索不同的朝向

海顿·瑞志，萨里郡（Hydon Ridge, Surrey）

霍克利·赫斯特，汉普希尔郡（Hawkley Hurst, Hampshire）

赫斯特考姆，萨默塞特郡（Hestercombe, Somerset）

台地和围墙在很多花园中起到骨架的作用，杰基尔小姐为其所设计的种植方案有着秩序和对称的感觉。但是，墙体两侧的种植组合却有着不对称性。当规则式庭院的一边或是平坦花园中挡墙的一面朝南时，另一面就会面北；如果一边向东则另一边向西。杰基尔小姐对这种情况的处理非常有趣，值得另立章节叙述。

杰基尔小姐没有以对称的名义试图抹除不同朝向的差别，而是探索不同的变化来突出场地的特征。朝南和西侧的墙体用灰色叶植物来覆盖，以此突出这些朝向充满阳光；而蕨（fern）、细辛（asarum）、紫堇（corydalis）和其他冷色的、林地类型的植物增强了北向和东向的墙体退入阴影之中的感觉。通过有意识地拉大植物组合上的差别，生动地展现了花园中阳面和阴面的自然特征。

比如在温布尔登小镇的鲍尔班克（Bowerbank）别墅，南侧入口庭院的种植就遵循了这种设计原则。深绿色的杜鹃花（rhododendron）、冬青（holly）和十大功劳（mahonia）在庭院面北的一边形成了光亮的耐阴组团，从房间中望去，几片灰绿色的薰衣草（lavender）和榄叶菊（olearia）显得至关重要，它们突出了建筑充满阳光的南向立面。这样的组合模式在屋后的花园中被颠倒过来，暗色的常绿植物沿着房屋北向的墙角形成了漂亮叶子的基底，而在朝向窗户的台地外缘，宽植床里的柔粉色中国月季（China rose）和薰衣草（lavender）沐浴在阳光下。

在海顿·瑞志（Hydon Ridge），冬青（holly）缀边的车行道通向房屋北边大致呈圆形的前院。前门两侧，用来界定前院的植物体量是极小

在萨默塞特郡的巴林顿庭院（Barrington Court），深色叶的铁筷子（hellebore）、浅色的穗杯花属（tellima）植物、黄精（Solomon's seal）以及金苞大戟（*Euphorbia epithymoides*）耀眼的黄色花头适应并强调着界墙的阴面；而紫藤（wisteria）在头顶充足的阳光下繁茂地生长。（上页图）

乳黄堇（*Corydalis ochroleuca*）淡色、细致的枝叶和繁盛的象牙白色花形成了凉爽而清新的效果，体现了杰基尔在墙体阴面的种植方式。

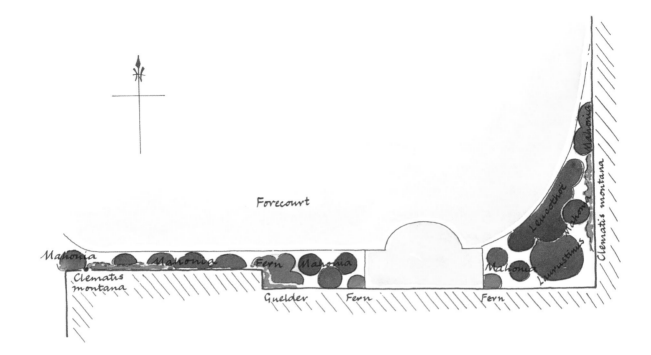

Forecourt

Mahonia
Clematis montana
Mahonia
Fern
Mahonia
Guelder
Fern
Fern
Mahonia
Laurustinus
Leucothoe
Mahonia
Mahonia
Clematis montana

海顿·瑞志（Hydon Ridge）的北侧入口庭院，位于萨里郡。

的，但这是杰基尔小姐在背阴区所使用植物的典型代表。冬青叶十大功劳（*Mahonia aquifolium*）是种植的骨干，在建筑潮湿的背阴处要比在干燥的林荫下生长得更为漂亮。同时，为了控制在狭小的场地中生长，需要进行大量的修剪，由此也获得了良好的观叶效果。在房屋和门廊之间的角落里，地中海荚蒾（laurustinus, *Viburnum tinus*）产生重量感，一丛木藜芦（leucothoe）从圆形的荚蒾丛中拱出。欧洲鳞毛蕨（male fern）位于门的侧面，浅绿色的拱形枝叶填满狭窄边缘的一角，在欧洲荚蒾（guelder rose, *Viburnum opulus*）和绣球藤（*Clematis montana*）的叶丛中重复出现，杰基尔小姐反复使用这种组合，形状对比明显的两种植物上浅色叶子和微绿的白色花协调地混合在一起。随着时间的推移，铁线莲（clematis）丝绒般的种头和荚蒾的浆果及丰富的秋色会带来意外的惊喜，标示着季节的更替。

房屋在花园一侧的门通向了一处台地，与前院冷色调绿色植物的优美而简洁相比，那里的种植更为丰富。为了全年的效果，应用了柔和的灰绿色植物和芳香的植物组合：迷迭香（rosemary）、榄叶菊（olearia）和薰衣草（lavender）、神圣亚麻（santolina）、水苏（stachys）、石竹（pink）。这些植物和芍药（peony）、荆芥（nepeta）、浅色的中国月季（China rose）和倒挂金钟（fuchsia）间隔种植，它们季节性地开放着大量的红色、粉色和紫色花，热邀着人们离开房间进入花园。

种植上的差别不仅存在于北边入口庭院和南边台地之间，也存在于温暖的台地西头和房屋东边荫凉的深绿色植物花园之间。台地种植的总体效果是灰色和粉色，在短暂的芍药（peony）开花期间加深为红色，之后是大量倒挂金钟（fuchsia）小而精致的花朵；从房屋引出的小径两侧重复着暗绿色的岩白菜（bergenia）组团，在柔和色彩的随意组合中产生一种规律性的节奏。这种规律性呼应了台地围墙下薰衣草（lavender）的规则式线条，同时也成了自西向东组合上巧妙变化的基础。

尽管台地的整体效果以柔和色彩为主，但迷迭香（rosemary）和榄叶菊（olearia）叶色都相当深，植株的上半部是暗绿色，另外月季（rose）和芍药（peony）加入了一种更为鲜艳、亮泽、青铜色的调子。倒挂金钟（fuchsia）随着生长也有很暗绿的叶子，带有铮亮的青铜色。它们深红而紫色下垂的花朵产生一种更深的色调。

在西头，栽植的薰衣草（lavender）和神圣亚麻（santolina）、荆芥（nepeta）和石竹（pink）足以产生一种格外柔和、灰色的效果。从房屋伸出的小径边缀饰着水苏（stachys），它丝绒般的叶丛强化着这种效果，此外围合着台地步道的紫杉（yew）深色组团对这种效果形成了对比。在这样的场景中，岩白菜（bergenia）显得很突出，但不会有对比上的不协调，它们光亮、深绿色的叶子锚固着浅色的植物。

在台地的东端，尽管水苏（stachys）被常绿屈曲花（*Iberis sempervirens*）所替代，其细密的狭窄叶片比岩白菜（bergenia）的颜色更深。这种微小的变化结合着角落里榄叶菊（olearia）、迷迭香（rosemary）、倒挂金钟（fuchsia）、芍药（peony）和月季（rose）占大多数的植物组合（所有深色的植物），展现出一种更深的调子，这样很容易过渡到房屋东头远处的规则式花园。那里，地中海荚蒾（laurustinus）、木藜芦（leucothoe）、茵芋（skimmia）、冬青（holly）和其他灌木竞相生长着繁茂、深绿的叶子。

台地挡墙下的种植有着相类似的平缓过渡的特征。背靠着修剪的紫杉（yew）是月桂叶岩蔷薇（*Cistus laurifolius*），它的叶片如紫杉一样深，但是更大、更深一些。还有欧石南（heath）（可能就是*Calluna vulgaris*，因为这是杰基尔小姐要用石南类植物时总要提到的植物）。接着是墨西哥橘（*Choisya ternata*），一棵倒挂金钟（fuchsia）把鲜亮、光泽的墨西哥橘与后面的种植分开：灰色的薰衣草（lavender）、浅色的中国月季（China rose）、精细质感的苏格兰石南（Scotch briar）和迷迭香（rosemary），搭配着神圣亚麻（santolina）和荆芥（nepeta）淡灰色的缀边。迷迭香与中国月季交替种植在主要步道的两侧，延续了前面确立的主题，在其他部分都不对称的植物组合中呈现为对称的设计元素。

杰基尔小姐拓展了岩白菜的使用（bergenia），最先用在墨西哥橘（choisya）前缀饰花境，并用水苏（stachys）进行替换。虽然在一

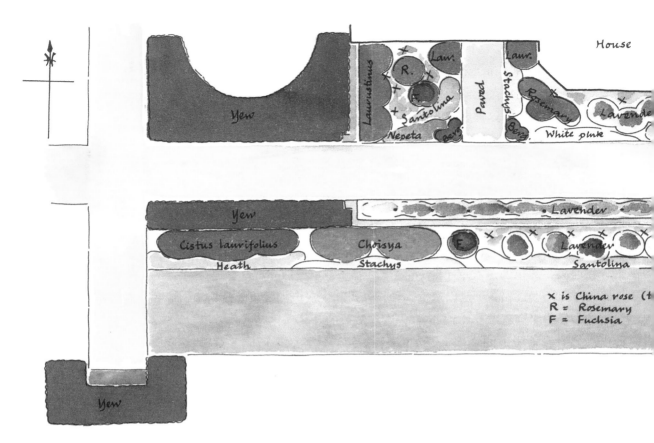

些情况下，使用岩白菜是显而易见的选择，但可能会过于强化迷迭香所带来的对称性，用水苏来替代就可以把薰衣草（lavender）和迷迭香（rosemary）的组团与花境末端的岩蔷薇（cistus）连接在一起，将低处的灰色调的种植扩展到上方建筑前的整个场地里，也突出了西边柔和的植物组合特征。

在步道的另一侧，继续使用了更多的迷迭香（rosemary）、荆芥（nepeta）以及更大丛的石南（briar），成对的倒挂金钟（fuchsia）以及一株月桂叶岩蔷薇（*Cistus laurifolius*），在那里与东侧花园中深色的冬青（holly）相接。在花境末端，岩白菜（bergenia）依旧被用来做缀边。它有着粗大光亮的丛生叶，结合着替代灰色薰衣草（lavender）的灰绿色石南、深色叶的倒挂金钟和颜色更深的岩蔷薇（cistus）的运用，强调了台地上避风向阳环境下的小尺度种植开始转向远处尺度更大、更多绿色植物的花园。

在瑞夫鲍恩藏图（Reef Point Collection）中有很多其他小尺度的阳面和阴面相对比的种植案例。但是汉普郡的霍克利丛林（Hawkley Hurst）中的设计格外引人注目。两个小花境的设计画在同一张纸上，仿佛是为了让人注意它们的不同。朝向西南的花境背靠着房屋的墙，图中显示使用了大量的墙垣植物，另一边的花境则不是。沙地美

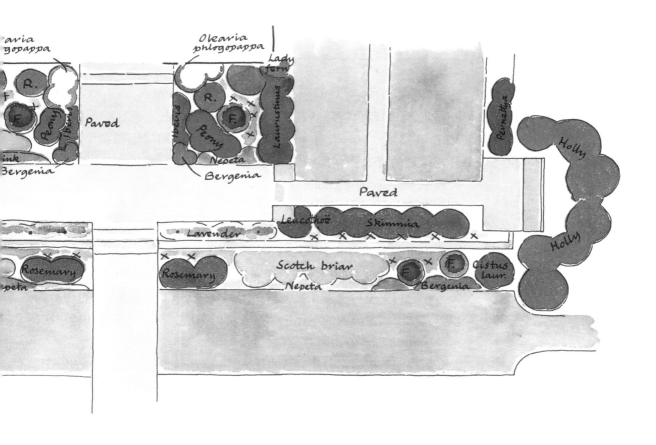

洲茶（*Ceanothus dentatus*）簇拥在凸窗下面窄窄的花境条带中，伸展出的小枝上有硬而亮滑的叶子，软化了花境的边缘。夏初，繁密的深蓝色花成为主要景观。在沙地美洲茶的一旁是'凡尔赛之光'美洲茶（*Ceanothus* 'Gloire de Versailles'），这是一种更加松散和柔软的绿色植物，冬天里光秃的红色茎干很迷人，柔软、浅灰蓝色的圆锥花序从晚夏持续到秋季。一株木兰（magnolia）紧邻一侧：可能是二乔玉兰（*Magnolia × soulangeana*），在这个温暖的位置更有可能是白玉兰（*Magnolia denudata*）——光裸的树枝上大朵纯洁的雪白色花朵美极了，但是对霜冻极度敏感，不耐寒。随着季节更替，木兰的黄绿色叶子变得更为灰绿一些，这让它成了一个极佳的过渡——一边是美洲茶的灰绿叶子和墨西哥橘（*Choisya ternata*）令人欢快的浅绿色，另一边是叶色较暗一些而呈现黄绿色的日本贴梗海棠（*Chaenomeles japonica*）完善着墙体种植。在榅桲（quince）的一旁，一丛地中海荚蒾（laurustinus）以纯色调结束整个花境，围合着一些次要的种植区域，并在房屋的角落处将小的花境与台阶和较高处的花园分隔开。

这些植物形成了富于变化的绿色绣帷，并且在一年的大部分时间里都会有一些花盛开。冬天里地中海荚蒾（laurustinus）唱主角，在冬末和春季是榅桲（quince）展现着缤纷多彩的花枝，紧接着是亮白

海顿·瑞志（Hydon Ridge）的南侧台地。

153

的高脚杯状的木兰（magnolia），到了夏初是沙地美洲茶（*Ceanothus dentatus*）的蓝色粉球状花和墨西哥橘（choisya）芳香的白色"香橙花"。在盛夏，有一段时间没有花开，很容易忽略墙垣植物作为花境中开花植物的背景，在那时扮演着很重要的角色。晚夏，'凡尔赛之光'美洲茶（*Ceanothus* 'Gloire de Versailles'）的花和墨西哥橘（choisya）通常会有的二次花迅速将开花序列恢复，开花时间一直持续到地中海荚蒾（laurustinus）再次开启一个新的循环。

花境前部的边缘由深灰绿色的迷迭香（rosemary）、灰色的薰衣草（lavender）和被毛的白色神圣亚麻（santolina）镶边。低矮丛生叶的水苏（stachys）最后消失在起突出作用的岩白菜（bergenia）条带的后面，以色彩和形式上鲜明的对比强调了花境的角落，与后面深色的地中海荚蒾（laurustinus）的组团融合在一起。

每种前景植物都有其美丽的开花时期，淡淡的薰衣草（lavender）的蓝色呼应着美洲茶（ceanothus）或是神圣亚麻（santolina）鲜艳的黄色，形成完美的对比。但在整个夏季中，交织在花境中央的一年生草本植物承担了主要的开花任务。中国月季（China rose）或是在薰衣草和迷迭香（rosemary）上探出，或是清晰地展示在深色地中海荚蒾（laurustinus）的背景中，整个夏季里开放着精致的粉色花朵，极少时候有大量的花，但吸引着人们靠近欣赏它们的美丽和芬芳。接着是暗粉色的缬草（centranthus），它亮绿色的丘状幼叶叶丛与旁边的木兰（magnolia）叶色相近，而后蓝灰色调逐渐增加，与附近的薰衣草和神圣亚麻的色彩相似。缬草不断扩展的花序呼应着美洲茶花穗的形状，也与水苏（stachys）穗状花序的柔和色彩相得益彰。它们环绕着一株'里卡顿'短筒倒挂金钟（*Fuchsia* 'Riccartonii'），这种高大植物的枝条因负载了大量迷人的红色、紫色花朵而呈优美的拱形，比缬草花色更鲜艳，由于直到秋季花量一直增长而显得十分绚丽夺目。小片的红色金鱼草（snapdragon）以更为醒目的方式重复着色彩的浓艳，青铜色叶片上丝绒般的红色穗状花序绽放在老鼠簕（acanthus）深裂的黑绿色叶丛中。

深绿色的地中海荚蒾（laurustinus）和岩白菜（bergenia）、更深绿的老鼠簕（acanthus）交织着丝绒般红色的金鱼草（snapdragon）和深红色的倒挂金钟（fuchsia），并以深色、亮绿的榅桲（quince）绿叶为背景。这样丰富的色彩非常不同于典型杰基尔花境那种柔和的灰色和淡紫色，但这是相同色系植物的自然扩展。实际上，霍克利丛林（Hawkley Hurst）西南朝向的花境是杰基尔小姐常用技法的一个杰出案例，把协调的色彩序列布置成一条轻微的曲线，这样结束的两端以强烈的色彩对比靠近。在这个序列中，缓和的渐变色调从深绿色的岩白菜（bergenia）、地中海荚蒾（laurustinus）等开始，直到中绿色的缬草（centranthus）、浅色的薰衣草（lavender）和更浅的神圣亚麻（santolina）与水苏（stachys），如此排列使得水苏和岩白菜（bergenia）以直接相邻的形式结束，形成了戏剧性的视觉冲击力，但是在设计逻辑上又浑然一体。

霍克利丛林的第二段花境坐落在一堵东北朝向的围墙和一座凉亭之间的角落里，在尺寸上与前者相似但是在景观风格上又完全不同。开花的榅桲（quince）再次被用在围墙上，但是在这里一起种植的有绣球藤（*Clematis montana*）和华丽铁线莲（*Clematis flammula*），它们分别在晚春和秋季开放出令人喜爱的、有香味的冷白色花。此外，还有'伊万杰琳'蔓性月季（Rambler rose 'Evangeline'），花头小、单瓣、淡粉色，也有香甜的气味。虽然绣球藤种植在花境中，但平面图上可以看出，在人为修剪控制下与榅桲（quince）分开，覆盖着花境远处的墙体。

余下的植物，主要是有漂亮叶子和浅紫蓝色花朵的草本植物，以相互交叠的条带沿花境对角线布置。毛叶珍珠梅（*Sorbaria tomentosa*）种在最阴暗的角落里，它精细、多裂的浅绿色叶子和柔软的羽毛状、灰白色花朵延续着铁线莲（clematis）所形成的清冷色背景。接下来是乳白风铃草（*Campanula lactiflora*），它的浅色花醒目、呈半球形；还有成对的黄精（Solomon's seal）组团，浅绿色的叶子呈优雅的拱形展开，开放着尖端发绿垂坠似的花朵。在风铃草和黄精之间的凹处填进了几丛欧洲鳞毛蕨（male fern），它们新绿、醒目而叶缘细裂的叶片在整个春季和夏季里伸展着，掩藏了黄精的枯叶。

花境中部的场地由两丛老鹳草（cranesbill, *Geranium ibericum*）、耧斗菜（columbine）、一长簇的东方铁筷子（Lent hellebore）和另一种东方蓝钟花（*Trachystemon orientalis*）组成。在拱形的蕨（fern）叶和铁筷子张开的绿色指状叶子之间，耧斗菜显露着它修长的花茎。老鹳草深色脉纹的蓝色花有自己的浅绿色叶丛作背景，而蓝钟花的叶子深浅程度相似但尺寸完全不同：巨大、浅绿色的桨状叶遮掩住了开败后的紫粉色头状花。在花境的前排是淫羊藿（epimedium）、荷包牡丹（dicentra）、广口风铃草（*Campanula carpatica*），都是浅绿色、体形修长的植物，三角形组丛的岩白菜（bergenia）终止了整个花境。

霍克利丛林中的小型花境具有杰基尔小姐作品的特征。所用的主要植物材料都很普通，没有稀有的植物，不常见的植物非常少。精心挑选每种植物来形成总体视觉效果——冷凉、清透、"春季里林中空

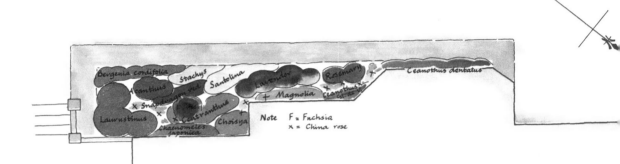

汉普郡霍克利丛林（Hawkley Hhurst）中的两处花境的设计。

"地"的感觉，每种植物与邻近的植物协调一致，也显露出自身特有的观赏特性。和她的很多设计一样，在这个例子中也选择植物形成整年的观赏趣味。

一年伊始，是铁筷子（hellebore）朴实无华的色彩，从去年的叶丛中或是光秃的地面上（叶片被剪除）长出粗壮、肉质的花葶，微绿的白色和暗紫褐色花朵就绽放其上。仲冬之后的数个月，这些美观的花朵不断地开放直至枯萎，但依旧会在新叶中留下吸引人的杯状花体。

随着春天的来临，蓝钟花（trachystemon）加入进来，色暗而迷人的浅粉紫色花头在大量的叶子出现之前就从泥土中拱出。在温暖季节的大部分时间里，围墙上的榅桲（quince）开出亮橙色的花，增添了一些更为明亮的色彩。淫羊藿（epimedium）也在早春开始开花，细长而结实的花茎上开出了明亮、浅黄色的精致花朵，最后那些花茎淹没在透亮的新叶中（虽然也有白色、浅黄色、橙色和红色品种的淫羊藿，但是如果没有特别说明杰基尔小姐通常指黄色的羽状淫羊藿（*Epimedium pinnatum*））。

遂毛荷包牡丹（*Dicentra eximia*）、老式的耧斗菜（columbine）和高贵的黄精（Solomon's seal）的悬垂状粉色花朵把花期从春天延续到了夏天。绿色环绕着美丽的花朵，有它们自身迷人的叶片，铁筷子

（hellebore）、老鹳草（geranium）和淫羊藿（epimedium）伸展的叶子，张开的蕨（fern）叶和芳香的绣球藤（*Clematis montana*）。老鹳草很快随之绽放，乳白风铃草（*Campanula lactiflora*）在浅粉色月季（rose）的背景前增添了一些浅色，但花量同样很多；接着，当秋季来临时，低矮、垫状的广口风铃草（*Campanula carpatica*）、羽毛状的珍珠梅属（sorbaria）和花环形的华丽铁线莲（*Clematis flammula*）覆盖了地面，后两种植物形成了秋季里和谐色彩的组成部分，也与记忆中绣球藤和欧洲荚蒾（*Viburnum opulus*）的组合形成了鲜明的对比——从春天到夏天杰基尔小姐经常重复使用这一组合。

　　长久以来，风铃草（campanula）、老鹳草（gerunium）、荷包牡丹（dicentra）都会二次开花，榅桲（quince）也可能提前开出零星的花朵，在霜冻和猛烈的秋雨来临之前为整个观赏季节画上圆满的句号。此时，园丁辛苦劳作去除草本的植被，只留下美观的蕨（fern）、铁筷子（hellebore）的深色叶片，还有看似脆弱但半常绿地毯状的淫羊藿（epimedium）叶子（当变成青铜色时会越来越漂亮，直至最后枯萎成山毛榉叶一样的暖棕色），如此一来凸现了岩白菜（bergenia）植丛。

　　时值仲冬，铁筷子（hellebore）的老叶虽然还具有一定的观赏性，但还是被完全清除，因为随着冬季的临近它们开始日益变皱，会影响到来年花朵的新鲜度；在花茎开始伸长前清理老叶更容易。随后很快，淫羊藿（epimedium）的叶子也会被清除（否则会在一定程度上遮住春花的第一抹迷人的红色），留下锈色的蕨（fern）和极具光泽的岩白菜（bergenia），作为铁筷子（hellebore）、蓝钟花（trachystemon）和其他春

东方铁筷子（Lent hellebore）的花十分低调，从冬至到晚春次第花开，呈现出褐紫色、粉红色或者微绿的白色，为一年中的花园开启了迷人的景致。

初夏，老式楼斗菜（columbine）的花朵高悬于绿灰色、似蕨的叶丛之上，花色丰富，有着如同拼色花布般的效果。

季里早开花植物的背景。

这些花境的设计回击了一些质疑之声，那些批评认为杰基尔小姐的种植设计观赏期过于短暂而不能满足现代园艺爱好者的兴趣。在有明显色彩主题的耐寒花卉的花境设计中，她强调不能指望花境的最好观赏效果保持两三个月以上的时间（实际上是一个很短的时间），但她并不是暗示花境在观赏季之后就不美观。从这些花境的描述中可以看出，绝大多数花境至少在半年的时间里有观赏性并且会更久。在杰基尔小姐许多其他的设计案例中，叶子与花的恰当组合所产生的视觉印象和效果超过了以花色为主导的组合搭配，在全年都展现出观赏趣味一点儿都不难。

已经强调过即使是在杰基尔小姐设计的尺度最大的花园中，也包含着适合小花园的设计思想。在这方面，没有比霍克利丛林（Hawkley Hurst）中两个无与伦比的花境以及修复得十分完美的赫斯特考姆花园（Hestercombe）更好的作品了。而赫斯特考姆花园中的植物组合显现了各方面的不同，有着适合最小尺度花园的宝贵思想。

大平台是花园的中心部分，为方形的下沉花园，草坪地块呈对角线插入其中。三面是大体量的干石墙，第四面是一道矮墙和花架，框定了眺望南面农田的视野。在北面墙体的上部，紧靠房屋的下面，宽宽的台地步道两侧是对称布置的花境。东侧和西侧墙体的上面也有形式对称的花境，略微不同的是，这些花境被布置在一块草坪的两边，中间是一窄条水渠。

从杰基尔为大平台东、南、西三面所做的各个方案可以看出，台上的对称花境、挡墙上的种植和墙下的花境是一个整体的展示序列。在朝向东面的墙体的设计方案中，连翘（*Forsythia suspensa*）从上部的花境中如瀑布般倾泻在墙面上，墙上的种植延伸进入挡墙上部和下部的花境中，强调了整个设计的统一性。由于本章的主题是阳面和阴面，图中只显示了墙体上方和下部的花境；上部台地外侧的花境被省略了。

面北的墙体对于大平台而言不重要，几乎和花架在同一个标高上。面向东面的墙体种植与面向南面墙体上的灰色、淡粉色和淡紫色产生了很棒的对比。面东墙体顶部的花境与花园外墙前的长花境相呼应。图中没有显现那条花境中的植物组合，里面栽满了橙色和黄色的百合（lily）和萱草（daylily），黄色铁线莲（clematis）和毛蕊花（verbascum），蓝色美洲茶（ceanothus），和白色或粉红色的月季，缀边的植物是多年生屈曲花（candytuft）、修长的罂粟（poppy）、玉簪（hosta），花境末端的部分面向南面、较为温暖，里面种植了白色的石竹（pink）。这种色彩鲜艳、叶色较深的主题延续到了墙体顶部的花境中（如图中所示），但是这里在较大比例的深绿色叶丛中有很多色彩较浅的月季。小片亮黄色的抱茎毛蕊花（*Verbascum phlomoides*）和橙色的卷丹（tiger lily）依然会令植物组合生动起来，连翘（*Forsythia suspensa*）在早春将长长的浅黄色花的枝条倾洒在墙上，但是灌木型月季'赫蓓之唇'（'Hebe's Lip'）、药用法国玫瑰（*Rosa gallica* var. *officinalis*）、大马士革玫瑰（damask rose）、弗吉尼亚蔷薇（*Rosa virginiana*）和它重瓣的变种'玫瑰之恋'（'Rosa d'Amour'）占据了花境大半的长度，里面散植着深色叶的白珠树（pernettya）、暗黄绿色的滨篱菊（cassinia）、浅嫩绿色圆顶状的珍珠绣线菊（*Spiraea thunbergii*）和披散的连翘（forsythia）。

在花境的中部，白色的毛地黄（foxglove）挺立在月季花的上方，与毛茸茸的黄色毛蕊花（verbascum）花序相呼应；麝香百合（*Lilium longiflorum*）和黄精（Solomon's seal）悬拱在花境的前端，边上基本上缀满了岩白菜（bergenia）和'科尔维雷'虎耳草（*Saxifraga × urbium* 'Colvillei'），一种可爱的白花虎耳草。整体的效果是大量白色和浅色花显露在一个连续的深色叶的基调中。从藤架荫蔽着色彩较深的一端到房根下阳光较充足的一端，杰基尔小姐设法创造了一些微小的变化，但是画面效果整体上依然协调。在一端，弗吉尼亚蔷薇（*Rosa virginiana*）、白珠树（pernettya）和缀边的岩白菜形成了叶色深暗而光亮的连续条带；而在另一端是白色苏格兰石楠（Scotch briar）

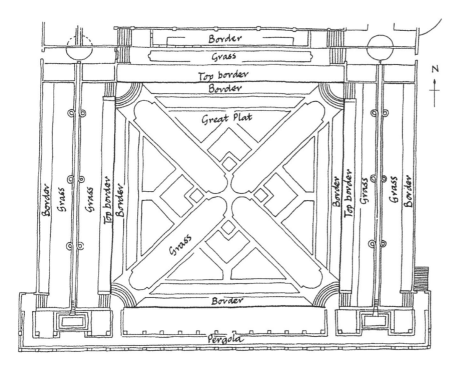

萨默塞特郡赫斯特考姆（Hestercombe）大平台部分的整体设计。

159

在大平台上面朝向西方的花境中，东方罂粟（Oriental poppy）和火炬花（kniphofia）的花穗较早地展现出了一些丰富色彩，而薰衣草（lavender）、神圣亚麻（santolina）和其他一些灰色的植物则营造出地中海地区温暖的氛围。

的灰绿色叶、浅粉色的大马士革蔷薇（damask rose）和伦敦虎耳草（London pride）整齐的丛生叶，它们为角落处浅色调的灰色花境作了恰当的铺垫。

墙体上的种植，色彩明显变得柔和：长组团的蓝色和白色广口风铃草（*Campanula carpatica*），花朵较大、形如垂铃般的环铃花（symphyandra），白色的毛地黄（foxglove）和耧斗菜（columbine），它们装饰了大部分墙面。墙根处有一长条塔形风铃草（chimney bellflower, *Campanula pyramidalis*），与墙体中部的黄色塔形毛蕊花（verbascum）

相映成趣。一条宽宽的蕨形叶欧黄堇（*Corydalis lutea*）在阳光充足的台阶旁形成了第二块黄色。就在台阶远处南向的墙面上，灰色平垫状的密花蓍草（*Achillea compacta*）和毛蕊花的花柱再次重复了黄色。

东向墙根背阴处的花境都比较低矮，且形式多样。从墙根发出的耐寒蕨类（尤其是台阶旁的荷叶蕨（hart's tongue））、长组片的红籽鸢尾（*Iris foetidissima*）为这组景观在垂直方向上添加了浓墨重彩的一笔。毛蕊花（verbascum）、毛地黄（floxglove）和低处的白色楼斗菜（columbine）在圆球形的茵芋（skimmia）和高山玫瑰杜鹃花（*Rhododendron ferrugineum*）中增加了竖向上的强调。花境的很多地方填充了大片的黑嚏根草（Christermas rose，*Helleborus niger*），运用细辛（asarum）和粉色、白色的虎耳草（London Pride）作低矮的镶边。

虽然黑嚏根草（Christmas rose）不如铁筷子（Lenten rose）被杰基尔小姐经常使用，但在赫斯特考姆花园中的灵活运用却很有趣。黑嚏根草的叶子更圆、更光滑，是淡淡的灰绿色，观赏效果却不如铁筷子漂亮、持久。它的叶子在生长初期是灰绿色，带有锯齿，并立如手指状。而后逐渐展开呈掌状伞形，叶色变暗成为近乎黑亮的绿色。只能猜想杰基尔小姐想要避免过多的暗色叶植物（茵芋（skimmia）、伦敦虎耳草（London pride）和细辛（asarum）所呈现的色彩），而呼应附近灰色调花境更为柔和的色彩。黑嚏根草（Christmas rose）占据了东向花境四个大条带中的三个，在这样的情况下白色楼斗菜（columbine）种在第四个条带中就显得很重要。楼斗菜的叶缘浅裂，

在大平台东西两侧挡土墙的上面，对应式的花境布置在草坪的两边，中间有一条水渠。路特恩斯对水渠的处理是饶有趣味的几何形式，这是他的典型手法。石墙以等距的间隔绕成环形，形成小的水坑，与杰基尔小姐的红、橙和黄色花境的热烈氛围十分贴合。

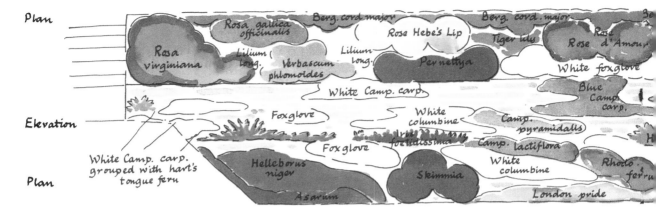

Plan

Berg. cord major　　Berg. cord. major

Rosa gallica
officinalis　　Rose Hebe's Lip

Rosa
virginiana　　Lilium
long.　　Lilium
long.　　Tiger lily　　Rose d'Amour

Verbascum
phlomoides　　Pernettya　　White foxglove

White Camp. carp.　　Blue
Camp.
carp.

Elevation

Foxglove　　White
columbine　　Camp.
pyramidalls

Foxglove　　Iris
foetidissima　　Camp. lactiflora

White Camp. carp.
grouped with hart's
tongue fern

Plan

Helleborus
niger　　White
columbine　　Rhodo.
ferru

Skimmia

Asarum　　London pride

更显精致，颜色则比铁筷子（hellebore）更为灰绿。这样的种植方式确实取得了超乎想象的成功：落落大方的栽植、大量浆砌的碎石，墙角下潮湿而开敞的条件都为黑嚏根草的生长提供了良好的环境。在冬日里，黑嚏根草开着雪白的花儿，周围是茵芋的红色果实、高山玫瑰杜鹃花（alpenrose）灰绿的植丛和伦敦虎耳草漂亮的绿色，这一画面在整个阴沉的冬季月份里增添了生机。

　　面南部分的植物景观设计是灰、白和蓝色的交融。外侧花境（平面中没有显示）的中央是一长条硬叶蓝刺头（globe thistle, *Echinops ritro*）。植株高，叶子漂亮，还有银蓝色球形的花头，只是在花后会很快显得破败不堪。为了弥补这个不足，每一个组团的周围都栽有白色的宽叶山黧豆（everlasting pea）和'杰克曼尼'铁线莲（*Clematis* × 'Jackmanii），它们攀缘到蓝刺头枯萎的植株上，装饰成白色和紫色的花环。在两丛蓝刺头的中间是一大团罕见但对生长环境要求不高的大卫铁线莲（*Clematis heracleifolia* var. *davidiana*），有着粗大、深锯齿、深绿的叶子，秋天顶部长出有分支的花序，着生着分散的、有甜香气味的花，呈

在大平台的种植床里，翠雀花（delphinium）、芍药（peony）和百合（lily）在宽带状岩白菜（bergenia）的围合下形成了规则却又不十分明显的图案。高大并且弯曲的多年生芒草（miscanthus）——杰基尔小姐最喜欢的草——已经替代了原始设计中条纹叶的玉米（maize）和美人蕉（canna），那需要更多的后期养护。

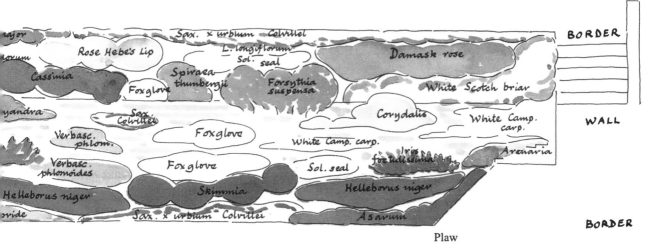

Plaw

淡蓝色、近乎灰白色。与蓝刺头不同的是，这种草本铁线莲会随着季节变化观赏性越来越强，直到顶梢生长最终被霜冻破坏。在硬叶蓝刺头的前面和铁线莲的两侧是长条带的硕大刺芹（*Eryngium giganteum*），一种外形显著的海滨刺芹（sea-holly），深蓝色的花分布在茎叶中，花期很长。这种深色叶、蓝色、蓟形花头的植物占据了花境大半的长度。湮没在薰衣草（lavender）、神圣亚麻（santolina）、荆芥（nepeta）和丝石竹（gypsophila）的花海之中，镶边植物有白色石竹（pink）、水苏（stachys）、肉质的长药景天（*Sedum spectabile*）以及有着银白色绒毛叶子的银叶菊（*Senecio bicolor* ssp. *cineraria*）。一小簇'布勒内日'蓍草（*Achillea* 'Boule de Neige'）栽植在丝石竹后方，在丝石竹凋谢后不久接替它绽放出白色粉雾状的花朵。一小片粉白色高代花（godetia）播种在花境的另外一头。秋天里，一片持久的、暖暖的浅色不断重复在景天（sedum）平平的花头中。

就在大平台挡墙的上面，配置方法相似且体形比较大的植物填充着花境。石竹（pink），荆芥（nepeta）、银叶菊（*Senecio bicolor* ssp. *cineraria*）和水苏（stachys）为花境镶边。颜色更暗的榄叶菊（olearia）和迷迭香（rosemary）为重复出现的薰衣草（lavender）和神圣亚麻作补充。在这个较大些的花境中，蓝刺头（echinops）和大卫铁线莲（*Clematis heracleifolia* var. *davidiana*）的组团担当着相对次要的角色，尖刺状的弯叶丝兰（*Yucca recurvifolia*）和较小些的软叶丝兰（*Yucca flaccida*）取代了它们的位置。在花境尽头，白色木羽扇豆（tree lupin）的尖塔形状不断重复，以较为柔和的方式再现了丝兰的轮廓。在这个较大型的花境中，尽管这些观叶植物本身的花期效果微不足道，但其中包含了大量专门观花的植物，弥补了这方面的不足，如木羽扇豆（Tree lupin）、浅蓝色的米迦勒节紫菀（Michaelmas daisy）、浅粉色重瓣的肥皂草（soapwort）（附近搭配着青灰色剑形叶的欧滨麦（*Elymus arenarius*））、蓟形花的紫花贝克菊（*Berkheya purpurea*）和倒挂金钟

大平台中面向东面的挡土墙。

163

（fuchsia），还有一些中国月季（China rose）。

南向墙体上的种植保持着简洁。薰衣草（Lavender）、神圣亚麻（santolina）、榄叶菊（olearia）和贝克菊（berkheya）从挡墙上面的花境垂落在墙体上。在墙体顶部的花境中，长条带形的荆芥（nepeta）和石竹（pink）重复着清淡柔和的种植设计要素。而小片竖线条的抱茎毛蕊花（*Verbascum phlomoides*）和平展的美丽海蔷薇（*Halimium lasianthum subsp. formosum*）在均等灰色的叶丛中以特有的方式形成较为明亮的黄色点块。窄条的蓝色和白色的广口风铃草（*Campanula carpatica*）、密花蓍草（*Achillea compacta*）（又是黄色花）与亮蓝色的蓝雪花（*Ceratostigma plumbaginoides*）密集地栽植在台阶旁边，它们的叶子和花可以被近距离观赏。

巨大灰色的大翅蓟（*Onopordum acanthium*）与赫斯特考姆花园（Hestercombe）中的灰色墙体相搭配很和谐。下面鸢尾（iris）的剑状扇形叶和迷迭香（rosemary）的枝叶从栏杆扶手中伸展出来，延续着灰暗色调的主题。（左图）

在赫斯特考姆花园面南墙体的顶部，粗线条的硬叶蓝刺头（globe thistle）和垫状的薰衣草（Lavender）搭配着灰色叶的刺芹（eryngium）、神圣亚麻（santolina）和水苏（stachys），于多样变化之中产生了一种协调感。当蓝色和粉色的花出现时，协调的感觉更强，还有精巧泡沫状的墨西哥飞蓬（*Erigeron karvinskianus*）。（右图）

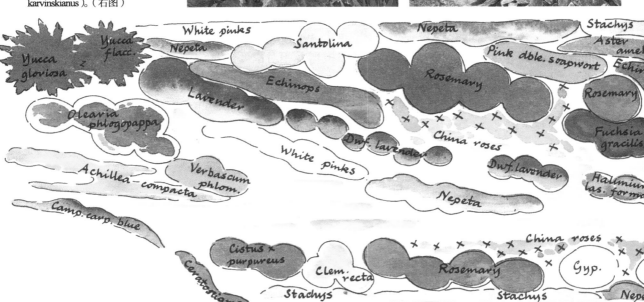

与东向墙面的处理手法不同，向阳的南向墙面在较低部位有很多地方并没有种植植物。是因为墙脚的花境中栽满了大团的丝石竹（gypsophila）、直立铁线莲（*Clematis recta*），还有圆形灌丛的榄叶菊（olearia）、迷迭香（rosemary）、佛罗伦萨岩蔷薇（*Cistus × florentinus*）和紫花岩蔷薇（*Cistus × purpureus*）。离开中心部位，有一块形成对比的雕塑般的大卫铁线莲（*Clematis heracleifolia var. davidiana*）组团，而边界坚实地装饰着水苏（stachys）、石竹（pink）、荆芥（nepeta）和银叶菊（senecio）。花境中的这些稍高的植物会遮挡住墙面上的任何种植。和上部的花境一样，那些圆形植丛中自由地散布着浅色的中国月季。

上述两种种植设计组合只是组成了大平台整个设计画面的一半。还有美人蕉（canna）、大丽花（dahlia）、条纹叶玉米（maize）、鲜红色唐菖蒲（gladiolus）的壮观景色。那种细致的种植组合到处可见——沿着廊架，在狭小的溪流花园中，一直延续到远处路特恩斯的"任奈杉斯"橘园（'wrennaissance' orangery）（规划式花园一章描述过，位于错综复杂的东园中）。杰基尔小姐作为一名富有艺术气息的园艺师所取得的成就让人叹为观止。每一个漂亮的花园景色都由无数精巧的细节组成；而每个细节都是耐心实践和细心观察的结果。杰基尔小姐观察事物的敏锐能力在伦敦时的童年时代就很突出，并且一直延续到89岁去世，这为她的花园设计奠定了坚实的基础。非常幸运的是，直到今天我们仍可以从她的著作中和富有启迪和激发灵感的设计图纸中去感知她85年间的观察所得，并从中受益。

大平台中面南的墙。

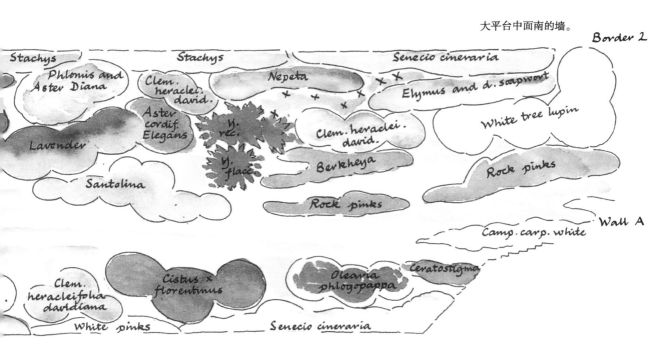

杰基尔钟爱的植物

应用手法的描述和建议

灰色叶和银色叶

暗绿色叶

浅绿色叶

醒目的焦点植物

柔和的花色和叶色

白色的花和叶

花园中的亮色

丰富的色彩设计

广泛的色彩

一年生植物

灰色叶与银色叶
地中海式的温暖

植物叶片呈现出灰色的原因是由于叶面白色的表皮毛或者灰绿色的蜡质层，而这些特征都是为了适应炎热、干旱的气候。叶片的表层物质反射了大部分强烈的日光使得叶片保持适宜的温度，并减少水分流失。在生态条件优越、气候凉爽的花园里，灰色叶植物的寿命往往不长，常因为潮湿、严冬或仅仅是环境过于舒适而死去。不过，大部分的灰色叶植物还能较容易地繁殖和迅速生长，借此建立一种炎热干旱的植物景观，这类景致在凉爽、潮湿的气候中备受欢迎。

杰基尔小姐在房屋边狭窄的花境和花台中、干燥的墙垣上以及阳面的长台阶边都自然地运用了银灰色叶的植物。在较宽的花境中，灰色叶植物通常搭配浅粉色、淡紫色或紫色的花一起应用，绘出了温暖的画面，产生了飘渺的迷雾感。

银灰色的地毯

高加索南芥（*Arabis caucasica*，同*A. albida*）是杰基尔小姐应用的灰色植物中最矮的植物之一：灰绿色，紧密，平展呈毯状，很少超过15cm（6in）高。绽放着许多柔和的穗状白花，其重瓣花朵尤为引人瞩目。南芥（arabis）是春季花园中最佳的镶边植物，覆盖了浅色郁金香下面的泥土，当它悬垂在抬高的花境边缘或从干石墙表面的裂缝中倾泻而出时，则更为迷人。在干燥、阳光充足、排水良好的碱性土中它能够保持株丛紧凑很多年。在肥沃的土壤中，它会很快生长成乱糟糟的一团，不过在花后对其进行修剪可以很好地防止和缓解这种现象的产生。

夏雪草（*Cerastium tomentosum*）稍高一些（尽管很少超过20cm（8in）），颜色也更白，无愧于夏日白雪的称号。作为镶边植物，它横向生长的速度快得令人烦恼，除非被其他生长势更强的丛状植物所限制。但它又是最好的装饰石墙的植物之一，它精细纹理的叶子能迅速覆盖住石缝。干燥墙面上恶劣的生存环境可以限制它的生长，较高的种植位置也为欣赏它在初夏大量盛开的半透明的白花提供了有利条件。

绵毛水苏（*Stachys byzantina*，同*Stachys olympica*、*Stachys lanata*）是较易管理的植物。实际上，除非进行合理的施肥以及种植于阳光充足、排水良好的生境中，否则它的叶丛会很快蔓延而变得参差不齐。每一到两年，在水苏组片的边缘起走一些并移栽上小的植丛就能轻松解决

有些杰基尔小姐所熟悉的植物拉丁名与植物现在的名称不同，在括弧中列在后面，以"同"标示。

杰基尔小姐的种植方案给我们最大的启示是同时合理运用几种植物的益处。她的种植极富感染力，能给人留下深刻印象。在花园的各个部分，她运用和谐的植物组团表达强烈的个性，而对于整个花园，则形成了一个整体。关于这一点，灰色或银色叶植物在她设计中的运用就是最有力的证明。

杰基尔小姐在配置植物形成一幅花园图画方面的艺术才能是无与伦比的。一个位于魁北克省拉马尔拜具有杰基尔风格传统的现代种植中，重复种植的蓝色翠雀花（delphinium）、黄色的囊吾（ligularia）和偶尔出现的毛地黄（foxglove）等竖线条植物点缀在一片乳白色的花海之中，整体氛围十分优雅。富有韵律的飘带形种植加强了整体景致的和谐感，白色的桦木（birch）枝干既提升了远处的景观效果又强化了树林的林缘线。（上页图）

赫斯特考姆花园（Hester combe），种植着水苏（stachys）、神圣亚麻（santolina）和中国月季（China rose），后面的背景是薰衣草（lavender）中点缀着丝兰（yucca）。

这个问题。密被厚厚绒毛的水苏叶子，被人们习惯地称作"小羊耳朵"，株高通常15cm（6in），在夏季，植株顶端生出毛茸茸、40cm（15in）高的淡粉色塔状花序，与古老月季（old rose）和开蓝灰色花的植物如迷迭香（rosemary）、刺芹（eryngium）等搭配在一起很完美，当然这些也都是干燥、阳光充足的花园中的常见植物。水苏在花期过后就会枯死，增强了斑驳感。因此，现在人们经常种植一些不开花的品种，如'银色地毯'绵毛水苏（'Silver Carpet'）。然而，水苏开花时形成的密集而重复的竖线条是非常吸引人的，这一特性也值得花时间去清理它花后残败的花序。

较高的植物

银叶菊（*Senecio bicolor* ssp. *Cineraria*，同*Cineraria maritima*）是一种较高、较为醒目的植物，株高45cm（18in），在其生长的第一年，白色毛毡般的叶子边缘有深锯齿。银叶菊耐寒性不强，就算能幸免越冬，它也会很快木质化而显得植株凌乱，但它极易播种繁殖。实际上，它经常被作为半耐寒的一年生花坛植物应用。像其他很多银色叶植物一样，银叶菊也开淡黄色、雏菊似的花，这些花最好在现蕾之前进行打头。

银香菊（cotton lavender，*Santolina chamaecyparissus*），株高与银叶菊相似，但其观赏特征却截然不同，它细小雪白的叶片密集地积聚成球状，极小的黄色花朵也聚集成圆球状着生于修长茎秆的顶端。尽管黄色的花朵与雪白的叶片搭配在一起相得益彰，但杰基尔小姐却建议人们及时摘除花头。早春，对银香菊进行重剪可阻止其开花，同时也可使植株更为紧实。这种株丛紧密生长的态势，有点类似神圣亚麻（santolina）的典型特征。由于修剪过后银香菊长势良好，所以经常被用于营造复杂的模纹图案，在17世纪的结节园中到处能见到它的身影。这种植物会很快达到成熟的景观效果，但由于寿命较短，所以持续时间不长。

与前面所述的植物不同，厚敦菊（*Othonna cheirifolia*）呈现出特有的浓灰绿色，叶片表面的蜡质就像为头发定型所用的厚厚的发胶一样。厚敦菊株高45cm（18in），匙状的肉质叶集生于木质茎干顶端，这一典型特征很好地弥补了其他银白色系植物轮廓模糊的缺陷。无论是从墙上自然垂下、从石缝中倾泻而出或者是从丝兰、大戟（euphorbia）的基部蔓延而出，厚敦菊总是能第一时间抓住人们的视线。这就不难理解为什么杰基尔小姐如此钟爱它醒目的线条，并常常将它应用于岩石园中了。

欧滨麦（*Elymus arenarius*）可能被认为是生长最旺盛的银白色茅草。株高60cm（24in），虽然在花境中可能是潜在的威胁，但它如金属般质感的细细叶片从其他圆球状的植丛中伸出，营造了一种令人惊讶的奇妙效果。杰基尔小姐经常用它与'重瓣玫瑰'肥皂草（*Saponaria officinalis* 'Rosea Plena'）配搭。肥皂草生长同样旺盛，灰绿色叶上有着淡粉色的圆形花头，对于干燥的岸坡而言，这是理想的色彩组合，不会压抑。

双重作用的植物

猫薄荷（catmint）、薰衣草（lavender）和香根鸢尾（*Iris pallida* var. *pallida*）都是花色柔和的植物，但在这里提及它们却是因为它们有持续时间特别长久的灰色叶。虽然是中等高度的植物，但是草本的法氏荆芥（*Nepeta* × *faassenii*）却常应用于花境的前部。每年春天，它都会很快地破土长成圆球形的植丛。它株高30cm（12in），灰绿色的枝叶带有刺激性气味。初夏时节，枝顶绽放出松散的塔形淡紫色花序。这些植物形成的景观效果持续时间较长，虽然朦胧但却令人愉悦。花后修剪残花会使其在仲夏和初秋二次开花，从而延长花期，增加了观赏时间。杰基尔小姐在她的花园中得心应手地运用着猫薄荷（catmint）。在灰白色系的花境中，当荆芥第一次花期过后就应及时去除残花，这可保证它在花境效果最好的8月二次开花。荆芥的早花在花园中枝叶茂盛的其他地方深受欢迎，在紫菀（aster）花境中，荆芥的残花清理工作可适当推迟，这样它的第二次盛花期正好与同样具有柔和花色的紫菀的花期重合。

生长缓慢的薰衣草（lavender）经常以条带式种植，其灰绿色且芳香的叶丛形成起伏的波浪形景观，株高45cm（18in），冠幅1m（3ft）甚至更大。夏季，它深紫或淡紫的穗状花序开在植株顶端。栽植时间比较久的薰衣草（lavender），对于重剪有良好的反应；但是一旦将修剪时间推迟到春季，则会阻碍其重新发芽。黄褐色的薰衣草种子会招来金翅雀，为萧条的冬季花园增添了无限生机。

香根鸢尾（*Iris pallida* var. *pallida*，同 *Iris pallida* var. *dalmatica*）的花色淡紫，花期也更为短暂。它的花朵绽放于75cm（30in）高的粗壮茎秆的顶端，如同水晶般的质感，闪着微光且散发着香甜的气味。它灰白色的、锐剑形的硬质叶，较有髯鸢尾（modern bearded iris）持续的时间更加长久。待初夏花期过后，它为其他灰色叶的植物株丛提供了完美的陪衬。

深色叶植物

漂亮的骨架

颇有光泽的绿色叶植物组团如细密的紫杉（yew）、葡萄牙月桂（Portugal laurel）或多刺冬青（holly）等，为花园提供了一个完美的骨架。这些植物组团将花园的不同区域分隔开来，并衬托出其他绚丽多彩的花卉，还为月季（rose）、铁线莲（clematis）以及其他的攀缘植物提供支撑。此外，杰基尔小姐所偏爱的深色叶乔、灌木大多能忍受阴暗的生境，并能在多种土壤上生长。可能由于这些苗木的价格较为昂贵而且生长缓慢，给花园增添了一种难以捉摸的高贵和成熟的感觉。

常绿的背景

耐寒的杂交杜鹃花（rhododendron）常被视为暗色系植物，因为其粗糙的叶子通常是深色的。这些杜鹃能长到2~3m（7~10ft）高，冠幅与株高相当。杰基尔小姐建议不规则杜鹃组群之间的空隙距离至少应有2.5m（8ft），空隙中穿插栽植株形优雅的蕨类植物、高大的毛地黄（foxglove）以及亮色的白百合（lily）。每逢杜鹃盛花期时，色彩缤纷，颇为壮观。深猩红色的'唐卡斯特'（'Doncaster'）、玫瑰粉的'埃莉诺 凯斯卡特'（'Lady Eleanor Cathcart'）、深紫色并带有特别的白色漏斗状斑点的'莎孚'（'Sappho'）、纯白色而生性非常强健的'坎宁安白'（'Cunningham's White'），都是杰基尔小姐在设计中经常使用的杜鹃栽培品种。尽管人们在花园的中部常常使用体形更为矮小、颜色更为靓丽的杜鹃品种，但是一些古老的杂交品种仍旧以它们醒目的叶片、典雅的花朵保有着自己的魅力。在实际种植中，杜鹃的用量要比其他常绿植物多。虽然它们需要光照和潮湿的酸性土壤，但是成年的杜鹃更耐移植、耐修剪，而且通过精心的修剪可以很好地控制生长。

地中海荚蒾（*Viburnum tinus*）稍矮一些，生长缓慢，株高冠幅约为2m（7ft）。无论是暗绿色和外形稍显粗硬的地中海荚蒾，还是光亮、较大叶子的'卢斯达姆'地中海荚蒾（*Viburnum tinus* 'Lucidum'），都是杰基尔小姐最常使用的灌木之一。因为花期在冬季，所以它们对于花园的景观大有裨益。扁平的粉白色花序，为冬日里了无生机的花园注入了新的活力。它们的花期较长，可达三个月之久，从冬季一直持续到花园重新绿意盎然。此外，它还是夏花植物的良好背景。

地中海荚蒾（*Viburnum tinus*）。

中景

并非所有的常绿植物都是大型灌木。短管长阶花（*Hebe brachysiphon*）、冬青叶十大功劳（*Mahonia aquifolium*）、黑海瑞香（*Daphne pontica*）以及短尖叶白珠树（*Pernettya mucronata*）都是杰基尔小姐惯常使用的中高灌木的典型代表，这些灌木在花园中常用作骨架植物。

若以常绿植物的标准来衡量，短管长阶花（*Hebe brachysiphon*，同*Veronica traversii*）生长较快，株高1.5m（5ft）或更高。坚挺的树枝被狭长而有光泽的叶子覆盖，形成一个浓密的球形树冠。初夏，每个嫩枝的枝头都会长出几个白色的锥状花絮，这使得短管长阶花的整体效果更为明亮而轻快，但随着花的凋谢，它又恢复到以前优美的光泽。短管长阶花是长阶花属中最耐寒的植物，在阴暗的环境中也能生长得很好。

冬青叶十大功劳（*Mahonia aquifolium*，同*Berberis aquifolium*）是适应能力最强的植物之一。无论是在酸性土壤抑或纯白垩土中，还是在阳光下抑或阴暗处，均能缓慢而健康地生长成蓝灰色株丛。鉴于冬青叶

冬青叶十大功劳（*Mahonia aquifolium*）

十大功劳会在初春绽放大量带有香味的黄花，杰基尔小姐称赞这种植物"比其他任何花都更能吸引蜜蜂"。如果任由其自然生长的话，冬青叶十大功劳很容易长到1.8m（6ft）或者更高，茎干瘦削且笔直。但是，如果适时地予以修枝和施肥，它将会生长得更为低矮而茂密，并且会长出美丽且具光泽的丛生新叶。

黑海瑞香（*Daphne pontica*）的外观给人的感觉更加细腻。呈现为低低的、光亮中绿色的圆丘状。它最终能生长到1m（3ft）高，而冠幅是株高的两倍。瑞香的每个新梢上都会孕育出带有香味的黄绿色轮状花序，单朵花的花瓣则是线状的。虽然不是很显眼，但这种常绿的瑞香却总是具有非凡的吸引力，而且即使在干燥或者盘根错节的树荫下，它也能生长得十分茂盛。

短尖叶白珠树（*Pernettya mucronata*）与石南（ heather）和杜鹃花（rhododendron）有一定的亲缘关系。它仅在酸性土壤中生长，在酸性的土壤条件下，会长出宽而细密并具有光泽的深绿色叶片，株高也将达到1m（3ft）左右。在初夏，这些叶子总是隐藏在小的钟形花丛之下。在秋冬季节（需要一定数量的植株以确保异花授粉），植株的叶片与果实并存。浆果由于品种的不同而呈现出不同的色彩，从白色到粉色、从紫色到酱紫色，变化多样。短尖叶白珠树的果实很大，色彩艳丽，表面光滑并具蜡质。这使得硕果累累的植株看起来如同人造的一般。此外，短尖叶白珠树浓密深色的叶子也对细密的石南与粗糙的杜鹃有很好的衬托作用。

紧实的缀边

虽然暗色叶的植物主要被用作陪衬或是背景，但在花园中它还是必不可少的镶边植物。杰基尔小姐的种植设计引人注目的一点是细心地选择和使用一些叶子亮绿的植物，呈飘带状种植，将冗长的花境分隔成较小的部分，并在视觉上和外形特征上支撑较为细弱的开花植物。在这方面，岩白菜（bergenia）的作用显得尤为重要，但因为其叶子格外显著，所以在"粗大的植物"的章节部分详细介绍。在中等尺度的设计中，欧洲细辛（wild ginger）、伦敦虎耳草（London pride）以及屈曲花（candytuft）通常也能达到相同的效果。

欧洲细辛（*Asarum europaeum*）是一种充满活力、令人愉悦的植物。它的肾形叶分布位置较低，相互重叠形成了高约10cm（4in）的亮绿色连续地被。欧洲细辛的叶色较浅，但其亮丽的外形却能营造出非同凡响的景观效果。它紫褐色的花，与地面齐平，因此仅在刻意寻找时才能被发现。即便如此，仅凭其叶子特点，欧洲细辛也能在花园中获得一席之地。

虎耳草（London pride，*Saxifraga × urbium*）颜色较浅，丛生叶片的边缘有着漂亮的扇形锯齿，细长笔直的花梗分叉成细细的花枝，开着有深色网纹的很淡的粉色花。与很多杰基尔小姐偏好的植物一样，虎耳草的群体效果很迷人。在8cm（3in）高的具有光泽的叶丛上，它的花形成了直径25cm（10in）的淡粉色云片。近距离观察时，会更让人喜爱。它比细辛（asarum）更为符合常绿植物的称谓，冬天，丛生的叶片白霜累累，营造出一幅绮丽的景致。

多年生常绿屈曲花（*Iberis sempervirens*）植株稍高一些，约为20cm（8in），株形也更为松散。它墨绿色形似紫杉的叶片，生长在直立茎秆的顶端。春天，叶片之上绽放出密集的圆头状的冷白色花。虽然植株低矮，但它能够向四面八方蔓延，尤其当栽植于岩石园的石墙上或岩石缝隙中的时候，冠幅能够很快达到1m（3ft）或更大。在排水良好的土壤中它能生长多年，如果需要复壮，从基部对它进行重截后，又能很快恢复生命活力。花后剪取插条进行扦插繁殖也很容易成活。

月季和芍药

并不是所有的深绿色植物都是常绿的。杰基尔小姐在她的种植设计中经常会用到弗吉尼亚蔷薇（*Rosa virginiana*）和中国月季（China rose）。这两种植物不仅具有光泽的深绿色叶片，同时还有香气浓郁的花朵。当芍药短暂而雍容华贵的花朵凋落之后，它仍然可以长时间展现美丽的深青铜色叶。

弗吉尼亚蔷薇（*Rosa virginiana*，同*Rosa lucida*）是一种生长旺盛、适应性强的灌木，株高约1.8m（6ft），尤其适合种植在花园中的沙地以及充满野趣的地方。仲夏时节，它开出繁多的粉色小花，带有典型而强烈的玫瑰花香。花期过后，植株会结出暗紫红色的果实。秋天，在叶片落光显露出其深色而多刺的密集茎干之前，叶色会先变成带有亮黄色斑点的深红色。

'苍白'香水月季（*Rosa × odorata* 'Pallida'）的蔓性更强，从仲夏到秋天一直持续不断地盛开着香甜的浅粉色花或白色花。虽然通过修剪很容易将其株高保持在1m（3ft），但将它种植在温暖的墙体前面最终能长到3m（10ft）。杰基尔小姐经常把中国月季（China rose）散植于迷迭香（rosemary）、薰衣草（lavender）以及其他一些色彩柔和的植物之中。它暗铜绿色的叶子以及柔美的粉色花朵会丰富整个设计。素方花

（jasmine, *Jasminum officinale*）夏季开花，常与月季搭配，种植在阳光充足的温暖的墙体前，这种环境使得两者的长势都很好，茂密的墨绿色叶片衬托着浓香的小白花装饰了整个花园。

淡绿色叶植物

林地之美

灰色叶的植物组合营造出了一种迷雾般地中海式的温暖感觉，而深色的常绿树又营造出更为坚实稳定的优美效果。浅色的新鲜绿叶被杰基尔小姐用来描绘春天里林地的清新景象。

蕨类植物

蕨类植物是林地之美的缩影，因为它们有优雅的浅色调，杰基尔小姐应用了一系列的蕨类植物。欧洲鳞毛蕨（*Dryopteris filix-mas*）是她最常用的一种蕨类植物，这种蕨的叶背为锈色，向外延展成为深裂的羽状叶，形成一个高度和宽度都可达1m的圆锥体。它能在干燥的土壤中生存，叶子冬天宿存，直到新一轮生长季开始才败落。荷叶蕨（hart's tongue）、对开蕨（*Asplenium scolopendrium*，同*Phyllitis scolopendrium*）有着更为低矮但质地更厚的条带状叶，叶长能达60cm（24in）或更长，

林地环境中的荚果蕨（*Matteuccia struthiopteris*）。

明亮而有光泽。它也能适应各类土壤条件，但在潮湿、半荫的环境中生长更好。常见的欧亚水龙骨（polypody, *Polypodium vulgare*）分布更为广泛。它深锯齿状的叶子能达到25~30 cm（10~12in）长，叶上部墨绿，叶下部稍浅，毛茸茸的棕色根茎在土壤表面、墙顶上或橡树凹凸不平的树皮上蔓延，进一步扩大了它的生长范围。和荷叶蕨（hart`s tongue）一样，欧亚水龙骨是真正的常绿植物，二者大小适度，在杰基尔小姐的很多设计作品中常被用以软化墙角、台阶和块石路面，并用于强调阴地和阳地的光影对比。

荚果蕨（shuttlecock fern, *Matteuccia struthiopteris*）高1m（3ft），有着较浅的颜色，自己长成狭小、精细肌理的不规则锥形组群，就如同杰基尔小姐人工营造出来的一般。然而，它对环境要求极高，需要相对不变的湿度、有机质偏酸的土壤以及稍阴暗的生境条件。

似蕨类的开花植物

在众多的开花植物当中，甜芹（sweet cicely, *Myrrhis odorata*）与蕨类植物最为相像，它浅绿色的二裂叶片芳香而优雅，扁平、带花边的乳白色花朵着生于高约45cm（18in）的花梗上。在干热地区，它那让人耳目一新的精巧形态特别受欢迎，因为绝大多数蕨类植物在那里都难以正常生长。杰基尔小姐建议花一开始凋谢就将其从基部剪掉以阻止其自播繁衍，同时促生新一茬的嫩叶。她在自己的花园中也十分注意维持新老植物的更新。

被杰基尔小姐认作是绣线菊（spiraea）的各种植物，现在被植物分类学家们分散归入其他科属中。尽管名字不同，像旋果蚊子草（*Filipendula ulmaria,* 同*Spiraea ulmaria*）、假升麻（*Aruncus dioicus,* 同*Spiraea aruncu*）和毛叶珍珠梅（*Sorbaria tomentosa,* 同*Spiraea lindleyi*）都有漂亮的、多裂的浅绿叶片以及顶生的羽毛状的象牙白色小花。旋果蚊子草是这三种植物中体量最小的，大概能长到1m（3ft）高。它粗大羽状叶上的芳香花朵充分印证了其俗名"草地香"（meadowsweet）。由于其适应不了干燥的土壤，所以它通常生长在水边茂盛的草地中。假升麻也是类似绣线菊一样的多年生草本植物，但相对较高一些，能够长到1.5m（5ft）以上，且形态更为优雅，其高大的羽毛般的花朵最初呈现绿白色，凋谢时则逐渐褪为浅浅的稻草般的棕色。尽管它的美丽转瞬即逝，却有着出人意料的耐干旱能力，适用于在自然条件不佳的地方营造出繁茂的林地景观。比如说在一个背阴、干燥的城镇花园中，或是在混

绣球藤（*Clematis montana*）。

凝土（或现代的塑料）池塘的边缘。毛叶珍珠梅（*Sorbaria tomentosa*）是一种迷人的灌木，稀稀落落地长着深色叶脉的羽状叶，上面覆盖着巨大的羽毛状白花。雨水打湿后，花序几乎垂到地面。如果你对它置之不理，疏于养护，它很快就会徒长到2.5~3m（8~10ft）高；但如果每年都被细心地修剪疏枝，它就会长久保持繁茂清新的状态。

小型植物

在植株较低矮的草本植物中，杰基尔小姐经常使用的有黄精（Solomon's seal）、大花垂铃儿（*Uvularia grandiflora*）和淫羊藿（epimedium）。通常我们所说的黄精——多花黄精（*Polygonatum multiflorum*）或者花园栽培变种（*Polygonatum × hybridum*）——被着白粉的浅绿色叶子生长在75cm（30in）高的拱形茎秆上，茎秆处于绿白色花的坠压下，那是一幅优美的林地风景的图画。不过它也常生长在干旱、盘根错节的背阴处。当仲夏来临，头顶大树的竞争达到最强的时候，会导致它们枯萎。大花垂铃儿的株形与黄精非常相似，不同的是它的浅黄色花单生于拱形嫩枝的末端。要使其达到真正最佳的生长状态需要更大的湿度和偏酸的土壤。

淫羊藿（epimedium）是一种在很多方面都不同寻常的植物，花朵在早春优雅地开放于长而结实的花梗上，花色可以从乳白色变化至深黄色最终至鲜亮的橙红色。随着花朵渐渐展开，更多修长的花梗在顶端生出浅亮绿色、夹杂着铜绿色的三裂叶片。随着花朵的凋零，它薄革质的叶子在地面延展，形成高25cm（10in）的浅绿色地被，当冬天来临时它的叶子会再次变为青铜色，直到开出新一轮花朵以前，都保持着完美的优雅姿态。与它们的花色变化和优雅姿态同样值得注意的是，多数淫羊藿能够在干旱、荫凉处苗壮地生长。它们能在昏暗的后院形成一块林中空地的场景。实际上，种植它们最大的难点在于决定何时摘除其黄褐色冬季叶片，以便更好地展示春天的花朵。

杂色苹果薄荷（*Mentha suaveolens* 'Variegata'）的叶子较厚，叶缘有锯齿，摸上去却很柔软，总体来说比淫羊藿更加强健。它们浅绿色的叶子镶着白边，散发着清新的薄荷芳香，是杰基尔小姐设计的很多花境中的亮点。尤其是在搭配了明黄色的花卉——如蒲包花（calceolaria）或孔雀草（French marigold）——和翠蓝色的翠雀花（delphinium）时，更是一道亮丽的风景。这是一种适应能力很强的植物，但在开敞且土壤湿度、肥力适度的环境中生长得最为茂盛，能够长到45cm（18in）高。为了使其在夏季的几个月里始终保持叶色的清新饱满，杰基尔小姐建议在必要的时候进行适度修剪防止其开花，从而促生新叶。同时，至少每两年要对其进行分株（经过两年的生长，它常常偏离花境原先的种植点），去除稠密的老根茎，仅栽种杂色最鲜亮的嫩苗。

较大场地的种植

在尺度较大的场地，杰基尔小姐会使用一些浅绿色叶的灌木和小乔木，通常还搭配一些开冷色、白色花的花卉。在春天，星花玉兰（*Magnolia stellata*）和稍高一些的白玉兰（*M. denudata*）先花后叶；常见的钝裂叶山楂（hawthorn or whitethorn, *Crataegus laevifata,* 同*C. oxyacantha*）的白色花环簇立于新叶之上并把它坚硬的黑色枝干压弯成了优美的圆弧。'库尔贝白色重瓣'玫瑰（Rugosa rose 'Blanc Double de Coubert'）高达1.5m（5ft）或更高，叶片深皱，白色花亮而透明，形成一个大圆球，花期持续整个夏天。遗憾的是白花之后会渐渐变成难看的棕色宿存枝头。在浅绿色叶并开白花的花灌木中，欧洲荚蒾（*Viburnum opulus*）当属佼佼者，其野生种被杰基尔小姐认为是欧洲荚蒾（water elder），其带花边的白色花朵于晚春绽放于新枝之上，随着似葡萄叶般的叶子一同摇摆。花后，叶子由仲夏时的绿色变成深紫红色，透亮的橙色浆果也随之而来。另外，杰基尔小姐也会经常使用'粉红'欧洲荚蒾（*Viburnum opulus* 'Roseum'）（更多地被称为'不育'欧洲荚蒾（*Viburnum opulus* 'Sterile'）。欧洲荚蒾（guelder rose, snowball tree）这是一种株形更为峭立的灌木，长势茂盛，不育的小花丛生成泛绿的白色花球，株高常常超过3m（10ft）。在附近有墙体作为背景支撑的地方，欧洲荚蒾花几乎总是与绣球藤（*Clematis montana*）的垂枝相伴，它不同于我们现今所看到的爬满红色砖墙的那些暗粉色的栽培品种，而是具有甜美香味和纯白色花朵的原种。这两种植物在色彩上如此相近，长势上却完全不同，在墙体的背阴面完美地交融在一起，完全展现了杰基尔小姐浅色调植物搭配的精髓。

醒目的强调

种植的焦点

令人惊讶的是人们倾向于将杰基尔小姐的设计和清淡得几乎无色的景象联系在一起，而实际上，她知道如果没有更亮的色彩和更醒目的形式作对比，毫无变化的质感和浅色调很快就会变得枯燥乏味。所以她把那些质地更为精细的植物种植成又长又细的条带形式，并通过细心的推敲将更为醒目的植物配置成不对称的形式，使每一株植物的种植点都如同最精细的日式园林中的石头一样恰入其位。在她的设计中，所有植物的种植点都是经过精心研究的。

引人注目的区分

丝兰（yucca）是杰基尔小姐选用的醒目外形植物的典型代表。一丛丛尖尖的丝兰（*Yucca filamentosa*）、软叶丝兰（*Yucca flaccida*）、高一些的弯叶丝兰（*Yucca recurvifolia*）以及树状的凤尾兰（*Yucca gloriosa*）的外形在杰基尔小姐的花境中跳出，成为其月季园中醒目而持久的焦点，或不时打断多石山坡的连续性。尽管高度上从75cm（30in）到1.5m（5ft）不等，但它们都有着坚韧而细长的深而灰绿的叶子。在气候适宜的夏季，株丛顶部都会开出乳白色球状花组成的尖塔形花序，十分威严。

吴氏大戟（*Euphorbia characias* ssp. *Wulfenii*）色彩上更浅一些，外形上更圆润一些，它淡黄绿色的花从春天一直开到仲夏，使其与众不同。这种大戟形态优美，淡黄绿色的叶子簇拥着色泽艳丽的黄绿色花序，花序的色彩又会逐渐地褪成一种更为柔和的色调，非常适合在暖灰色或冷黄绿色的植物组团中应用。在这两种色调中，杰基尔小姐都对它进行了充分应用。它还有一个更深层次的特性，在快节奏的现代社会显得尤为珍贵。那就是它长势迅速，且体量（株高和冠幅为1m（3ft））适宜观赏，即使在最小的花园中也不会显得尺度过大。

岩白菜（bergenia）也是杰基尔小姐种植的特色植物之一。心叶岩白菜（*Bergenia cordifolia*）的叶子硕大，形似象耳，叶色深绿而有光泽，其莲座状叶丛的冠幅可达60cm（24in）。它在杰基尔小姐的设计案例中出现的频率最高，但有时也会用到缘毛岩白菜（*Bergenia ciliata*）作为更适宜的选择，它的叶子同样很大，但覆有柔毛。缘毛岩白菜在夏天的景观效果非常优美。但到了冬天，地上部分枯萎，只剩下地下粗壮的根茎；而且它只适合生长于温暖且排水良好的环境中。然而，现在心叶岩白菜和许多其他岩白菜的常绿种类或栽培品种都可以生长在有光或遮荫的条件下，对土壤的适应范围也比较广。心叶岩白菜早春会开出短而粗的穗状花序，其色彩不够漂亮，为暗淡的浅粉色。杰基尔小姐建议及早去除花序，这样植株就可以把全部能量供给它华丽的叶片了。许多岩白菜（bergenia）的新品种都有更为引人注目的花，花色变化范围也更广，从浓艳的品红到亮粉或白色都有，但叶子却少有光泽或真正常绿。但没有一个能比得上舌岩白菜令人艳羡的花，浅粉中嵌着稍深的粉色斑点。杰基尔小姐将岩白菜以长飘带状斑块的形式种植，并在花境中重复几次应用以形成整体的框架；有时它们也会被三五成群地用作突出的视觉焦点。

专属夏天的美景

另外两种十分惹人喜爱的植物在花园中都不能露地越冬。一种是美人蕉（canna），它的叶色为似香蕉叶般的浅绿或深红铜色，在大多数有人打理的花园中是唯一耐寒的一种。虽然经历严寒之后恢复起来较慢，但如果在秋天把它挖出来存放于无霜条件下越冬，等到初夏再把它移植到耕作过的肥沃土壤上，它能很快长到1m（3ft）以上，在夏末开出的红色或黄色花序能将株高再增加一倍，在大丽花（dahlia）、秋海棠（begonia）以及其他亮色花卉中诠释出热带的繁荣景象。

另一种是蓖麻（*Ricinus communis*），它是真正榨取蓖麻油的植物，青铜色叶的'吉卜素尼'（'Gibsonii'）品种长得实在是柔弱不堪，但它从有斑点的大种子长到成形植株的速度极快，令人不可思议。如果在冬末将其种植在温暖的保护地中，待到无霜期过后再将其移植出来，这种长着宽大的绿色或青铜色掌状叶的植物一般能长得十分茂盛，株高和冠幅都可达1.8m（6ft），生长季一直可持续到秋天的第一次霜降。

在这些草本植物中，有两种植物被选用是因为它们拥有宽大的叶子。东方蓝钟花（*Trachystemon orientalis*, 同*Nordmannia cordifolia*）

'紫斑'美人蕉（*Canna indica* 'Purpurea'）。

有宽宽的短而粗的叶子，轻轻松松就能够长成令人难忘的高达60cm（24in）的株丛，最终其冠幅也能延伸至好几米的范围。它十分耐阴，尤其能适应潮湿阴暗的环境，尽管在干旱条件下也能够勉强存活，但生长势较弱。它短短的蓝色或粉色花序着生在地表附近，恬静优美，但很快就会被漂亮的叶子所掩盖。

玉簪（Hosta，杰基尔称为funkia）现在的品种多得令人眼花缭乱，有大大小小、纯色和花色的形式，但在一百年前杰基尔小姐最常使用的两个种所形成的景观效果至今仍没有能与之媲美者。一种是圆叶玉簪（*Hosta sieboldiana*），它有着蓝灰色的叶子和淡紫色的花序。在条件良好的湿润土地上，叶子最宽大的能达到1m（3ft）或更宽，同时花序也差不多能达到同样的高度。另一种是玉簪（*Hosta plantaginea*），株形大小与圆叶玉簪差不多，叶子浅绿且有光泽，非常适合与蕨类植物一同种植在冷凉的林地花园中。但它似乎不太喜欢在阴暗处开花，是玉簪属中罕见的喜阳种类。夏末或秋天里，在光照条件较好的地方，它高高的白色花散发着令人愉悦的芳香，尽管有时在霜降之前还未能充分开放。上述两种大叶的玉簪适应范围较广，尤其在耕作充分的肥沃土壤上能达到最佳生长状态，这也得益于杰基尔时代辛苦的花境前期准备工作。

抱茎毛蕊花（*Verbascum phlomoides*）的叶丛莲座状，有时冠幅能达到75cm（30in），圆形的叶子呈现出柔和的灰绿色，比大多数玉簪更宽大也更漂亮。在第二年，每丛毛蕊花都会长出一个优美的塔状花序，密集的黄花簇生在一起，其上还有毛茸茸的附着物。这种植物是典型的二年生花卉，开花后死亡，易于通过种子繁殖。杰基尔小姐喜欢在花境

浓烈色彩花境中的毛蕊花（*Verbascum*）。

中选用能自播繁衍的植物材料，她认为不被移栽的植物能生长出最高、最漂亮的花序——能达到1.8m（6ft）或者更高。这种毛蕊花在微干且偏碱性的土壤中生长较为旺盛。

很多其他特色显著的植物被应用在特定环境中作为视觉焦点。如齿叶橐吾（*Ligularia dentata,* 同*Senecio clivorum*），生长于潮湿的环境中，它的叶子较大、叶背发紫，又有着松散的橘黄色头状花序，可以作为色彩亮丽的花丛中的一个制高点，或作为绿色蕨类丛中的主角。无花果（依靠着一个坚固的、荫蔽的墙体）长着多汁肉质的果实，以及粗质感、多裂的叶片，极具温暖的地中海式风情。美洲马兜铃（*Aristolochia durior*）则常用来装点季节性设置的廊架，它巨大的心形叶片和形似烟斗的有趣的紫色花朵让它从周围质感更精细的蔷薇花丛中脱颖而出。

这些壮观、引人注目的植物与周边略显朴素、安静的植物相平衡和搭配在一起，这种细心的考量在杰基尔小姐的设计方案中总是可以看出。

柔和的花色与叶色

朦胧的主题

一旦种植画面的大致轮廓用精心挑选的植物勾勒出之后，设计师就要进一步着眼于细节的推敲了，在配置植物时，虽然美丽的花朵是展现的主题，但设计的表达也不能仅限于此。

紫藤（*Wisteria sinensis*）和葡萄叶苘麻（*Abutilon vitifolium*）。

181

柔和色彩的常绿植物

像迷迭香（rosemary）、岩蔷薇（cistus）以及低矮的杜鹃花（rhododendron）之类的植物在观花、观叶方面同等重要。迷迭香（rosemary）是三者中花期最早的。在晚春时节，随着管状花的密集开放，植物的整体面貌从漂亮的铅绿色开始向朦胧的灰蓝色转变。它能迅速生长到1m（3ft）的株高和冠幅，并最终至少达到这个体量的两倍大小。杜鹃花（rhododendron）的花期与迷迭香有一定的重合，但花色明显丰富很多。杰基尔小姐最常使用的是低矮的高山玫瑰杜鹃花（*Rhododendron ferrugineum*）和可巧杜鹃（*Rhododendron × myrtifolium*），它们漏斗状的玫红色花朵开在偏暗的灰绿色叶子之上。高山玫瑰杜鹃花（*Rhododendron ferrugineum*）在石灰岩土壤上亦能生长，但在原产地则生长于潮湿多沙的酸性土壤中。二者一般都能长到1m（3ft）高，冠幅还要更大一些。

月桂叶岩蔷薇（*Cistus laurifolius*）和艳斑岩蔷薇（*Cistus × cyprius*）是岩蔷薇属中适应性最强的植物，二者都能很快（就常绿植物而言算是很快了）长到株高和冠幅均达到1.8m（6ft）的体量，萌生出浓密的暗绿色、含胶质并带香气的叶片以及大量的白色丝质花瓣。艳斑岩蔷薇在每朵皱皱的花瓣基部都有一个紫色斑点，呈现出些许的暖色调。紫花岩蔷薇（*Cistus purpureus*）在高度上更矮一些，开着淡淡的暗粉色花朵，它需生长在较为开敞的生境中。诸如紫花岩蔷薇和更显暗淡、柔弱的'银粉'岩蔷薇（*Cistus* 'Silver Pink'）之类的植物，正是由于它们良好的观花效果使得岩蔷薇属被渐渐归类到观花植物中，而非观叶植物。

向阳墙面上的植物

与所有常绿植物最常见的球状株形不同，葡萄叶苘麻（*Abutilon vitifolium*）是典型的直立型灌木。在冬天，它的外观难以形容，因为它从不会掉光前一年所有的叶子。然而，当新叶开始萌发时，整个植株会转变成柱状，呈现淡灰绿色，且冠幅较大，在这些新叶中又会涌现出大量有着清晰纹理的淡紫色花朵。随着花朵的绽放，雄蕊则聚集在每朵花中央，形成一个显著的圆形突起。如果生长于温暖蔽荫的环境条件下以及排水良好的土壤中，苘麻则能够营造出所预想的那种灰色调。杰基尔小姐经常把它作为墙面绿化植物，并对其进行修整，其一是使它的枝叶覆盖墙体并形成一个高约2.5~3m（8~10ft）的宽大扇面，其二也促使它开出更多的浅色花朵。

紫藤（*Wisteria sinensis*）与苘麻都有着柔和的花色，但在生态习性上却有着很大的区别。如果在向阳的墙体较高的位置对其进行牵引、修整，它那些银灰色的蔓藤会很快缠绕住支架，逐渐增粗并拧在一起如同强壮的树干。晚春时节，光秃秃蜿蜒的主干与一串串漂亮的淡紫色并带香气的蝶状花形成鲜明的对比。随着花朵的凋谢，叶子便成为主角，并迅速从开始几周清亮的银绿色变成更为沉稳、柔和的灰绿色。尽管通过精心修剪很容易控制住它的长势，但它旺盛的生命力能使其最终攀爬到高大乔木的顶梢。

花的魅力

月季（rose）更易于被归为观花植物，然而其中的很多种类却被杰基尔小姐选来展现它们的叶色之美，如亮绿色叶的玫瑰（*Rosa rugosa*）、青铜色叶的中国月季（China rose），还有灰绿色叶的白蔷薇（Albas rose），这进一步验证了它们在花园中的重要性。杰基尔应用月季的色彩范围都是柔和的效果——从色彩到形式都很柔和，正如在月季园一章中所展示的那样，生长旺盛的月季被牵引到藤架上或是让它们攀爬到暗绿色的冬青（holly）、单籽山楂（thorn）或是一些老龄的苹果树上。

在草本植物中，有两种与众不同的铁线莲（clematis）值得我们特别关注，因为它们有着柔和的色彩。直立铁线莲（*Clematis recta*）能长出许多竖直的枝条，上面着生优雅的淡灰绿色复叶。最具观赏价值的'紫斑'直立铁线莲（*Clematis recta* 'Purpurea'）叶色加深成了铜紫色。这些直立的茎干不能靠自身力量支撑住自己，但如果给予支撑或让其攀附在翠雀花（delphinium）的枯枝上，铁线莲能攀缘至1.5m（5ft）的高度，并在仲夏开出大量奶白色的小香花，与其浅灰色的叶子完美地搭配在一起。

大卫铁线莲（*Clematis heracleifolia* var. *davidiana*）的观赏特性更加令人瞩目，成串的浅绿色叶与漂亮的葡萄叶极其相似。它那高大的直立茎从叶丛中挺立而出，可达1m（3ft）高，分枝长出蓝灰色的花序（同时也散发着甜甜的香味）。这两种铁线莲在碱性土壤上生长最佳，但后者尤其能忍受更为干燥的环境条件。

色彩更为绚丽的花卉

老鹳草的花色更为丰富多彩。从仲夏至夏末，大花老鹳草（*Geranium himalayense,* 同 *G. grandiflorum*）和叶子覆有柔毛的华丽老鹳草（*Geranium × magnificum,* 同 *G. ibericum platypetalum*），株丛冠幅都能达到60cm（24in），

华丽老鹳草（*Geranium* × *magnifacum*）（下页上图）。

锥花丝石竹（*Gypsophila paniculata*）、'布勒内日'蓍草（*Achillea* 'Boule de Neige'）和蓝眼菊'闪光白'（*Osteospermum* 'Glistening White'）（下页下图）。

在具圆齿的圆形叶丛中萌生出大量精致纹理的淡紫色花朵。现在，老鹳草几乎被人们下意识地归为地被植物，它们确实生长得很快，灰绿色的叶子也能成为覆盖地面的绿毯，但是这些实用的价值并不能掩盖它们作为观花植物所具有的吸引力，它们的观赏价值在杰基尔小姐的很多方案中体现得淋漓尽致。

广枝紫菀（*Aster divaricatus*, 同*A. corymbosus*）株高45cm（18in），花期相对来说很晚——不在晚夏而是在早秋。虽然单独来看，它们小巧的淡紫色头状花产生的效果无足轻重，但大量的花朵聚集在一起形成宽大的多歧聚伞花序，再配以暗紫红色的花梗，便独有一番优雅和别致，这正是杰基尔小姐所欣赏的。唯一的缺憾就是广枝紫菀有向外倒伏的趋势，往往自内而外产生一个车轮状的圆环，外部花叶繁茂，而内部则是光秃秃的茎干。这个缺点可以用一些分叉多的嫩枝对其进行支撑来弥补。但杰基尔小姐则更倾向于将其转化为优势，她沿紫菀的外围布置一圈醒目光鲜的岩白菜（bergenia），让紫菀顺势倒伏其上，这样一来就更突显了紫菀最迷人的柔美特质。

奥氏刺芹（*Eryngium* × *oliverianum*）在株形上更为醒目，尤其适合温暖且排水良好的环境。这种环境与灰色叶丛也是绝妙的搭配。它暗绿色的莲座状叶泛有光泽，并带有浅绿色的叶脉纹理，长约60cm（24in）的直立花梗从中探出，顶端逐渐长出宽大的深蓝紫色花，围绕在花朵下方类似冬青般的总苞片呈暗绿色、蓝紫色，以及银灰色的条纹精美而协调。紫色的色调一直晕染到茎干上，使得整株植物一直到晚秋都显得那么与众不同。

用于花境镶边的柔和的紫色、粉色、淡紫色花卉，没有比广口风铃草（*Campanula carpatica*）更合适的了。虽然现在它被普遍认为仅是一种盆栽植物，但这种低矮的风铃草有着惊人的耐寒能力，它灰绿色的叶子和大量茶杯状的迷人花朵可以形成10~15cm（4~6in）高的株丛，所以杰基尔小姐经常将其大量应用在以蓝色或白色为基调的花境中。广口风铃草需要排水良好的土壤，有一定的耐旱性，但在水分充足时生长和开花会更好。它有时被用作花境的镶边植物，但在杰基尔小姐的方案中，它更常出现在干石墙的基部。在那里，柔软花茎周围良好的排水和冷凉、潮湿的环境能让它苗壮生长。

冬季色彩

所有这些花色柔和的植物本身都很迷人，常作为花境、岩石园、墙面或是台阶景观的组成部分。爪瓣鸢尾（*Iris unguicularis*）在深冬开花，难以像其他花卉一样彼此搭配形成整体景观，但它的作用却是不可或缺的。它可以保持一贯的柔和色彩直至寒冬腊月。在冬日比较温暖的时节，像铅笔一样细直的花蕾在40cm（15in）高的花茎上开放，呈现出晶莹剔透的淡紫色，并散发着香气，成为少花时节的一大亮点。杰基尔小姐在勘察阿尔及利亚山脉时曾见过这种鸢尾，她细心地将它种植在自己花园里狭小的花境中，以及阳面的墙体或台阶的裂缝中，以获得足够的热量保证它尽情地开放。在这些场景里的重要节点处，这种鸢尾狭长的扇面形灰绿色叶子强调了竖向的线条，证明了它们在夏天里如同在冬天一样起着设计上的重要作用。

白色的花与叶

闪亮的效果

杰基尔小姐有两种独特的方式来运用白色。一种是利用白色的花朵或是带白斑的叶子作为主题色彩布置于一丛浅绿色的枝叶中，营造出春天般的感觉。另一种是在更为丰富的色彩方案中，白色作为相对较小的要素出现，在需要浅化或亮化的地方进行点缀强调。

清新、雅致的效果

在第一种用法的许多案例中，像旋果蚊子草（meadowsweet）、假升麻（aruncus）、珍珠梅（sorbaria）、木兰（magnolia）和欧洲荚蒾（water elder）等植物，已经对它们浅绿色的枝叶展开过讨论。但上述的这个小名单中还应该加上白色的毛地黄（foxglove），它在生长的第一年呈现出浅绿色的莲座状基生叶，第二年则会展现出优美的高达1.5~1.8m

（5~6ft）的纯白色尖塔形花序。它的色彩和株形启发了杰基尔小姐将花园与林地进行完美融合的园艺梦想。

在缓慢生长的常绿树之间，她屡次使用两种开白花的植物作为临时的填充材料值得我们注意。一种是白色木羽扇豆（Tree lupin），它大量柔软的、乳白色的穗状花序，不如草本羽扇豆坚挺，但却更为优雅，相比植株较高的植物而言（大约12m（4ft）高），相对较小的花序在变化上有更多的自由。另一种是白金雀花（*Cytisus albus*），也是一种豆科植物，它白色的豌豆状花朵在修长直立的深绿色枝条间排列成优美的花簇。羽扇豆和白金雀花，在青壮年时的花量很大，但它们生长迅速且会徒长，最终的株高往往会超过2m（7ft）。杰基尔小姐建议通过重剪来恢复羽扇豆的生长活力，但处理白金雀花的方法有所不同。整株植物前拉放低促生大量小枝和花朵。这两种植物圆柱状或穗状的白色花序都能在深绿色的葡萄牙月桂（Portugal laurel）、冬青（holly）或杜鹃花（rhododendron）丛中寻找到理想的背景，还会避免漂亮的枝叶变得暗淡。

更为明亮的点缀

毛地黄（foxglove）、羽扇豆（lupin）和金雀花（broom）也被用来表达清新雅致的效果，为其他配色方案引入亮点，但在这样的环境中，主角却是白色的百合（lily）和丝石竹（gypsophila）。尽管杰基尔小姐发现白花百合（Madonna lily，*Lilium candidum*）在干燥的酸性土壤上生长较为困难，却从没有放弃尝试。她在竖直的排水瓦管中填满厚重的壤土，将球茎种植其中，然后将其插在林地边缘或花境中。她种植百合也许是出于一种宗教寄托，但它高达1m（3ft）的典雅的纯白色尖塔状花序、芳香的漏斗状花朵以及折射着黄色光辉的雄蕊，增加了格外的视觉效果。其他种类的百合种植起来相对容易，她将麝香百合（*Lilium longiflorum*），尤其是王百合（*Lilium regale*），它们漏斗状的白色花朵以浓烈的紫红色为背景，自由地运用在很多设计作品中。百合是一种春植球根花卉，可将其种植于牡丹和其他多年生草本植物之中。其他植物枝叶形成的蔽荫对百合生长十分有利，并可为它们优美的茎提供支撑，此外，百合的花朵还可以在这些色彩较深的植物中成为亮点。

杰基尔小姐充分挖掘出多年生的锥花丝石竹（*Gypsophila paniculata*）有趣的各种用途。在她设计的花境中，锥花丝石竹一缕薄弱的灰绿色嫩芽首先探出来，通常以残败的猩红色和橙色的东方罂粟

（Oriental poppy）作为背景，而后大量如石灰般粉白色的花朵绽放于纤细的茎秆上。杰基尔小姐把如此亮的效果形容为"降落到花境中的云团"。当植物进入盛花期时，株高能达到1.2m（4ft）。这时将旱金莲（nasturtium）的种子播撒在其基生的叶丛周围，当这半透明的色团慢慢从白色变为麦秆般的浅棕色时，旱金莲已经开花，螺旋状地攀附在缕缕猩红色的丝石竹上，再现了早先罂粟花期时的效果。

当丝石竹（gypsophila）从白色褪至褐色，并最终变成一缕猩红而退出舞台时，杰基尔小姐在花境的其他位置多次地使用白色宽叶山黧豆（everlasting pea）、大花香豌豆（*Lathyrus grandiflorus*），用以掩饰翠雀花（delphinium）或者牛舌草（anchusa）的残株，以此保证花境中有足够的白色调来平衡整个色彩组合。

大滨菊（*Leucanthemum maximum*, 同*Chrysanthemum maximum*）也在很多设计中出现。很多人认为适应性极强的大滨菊（Shasta daisy）过于普通，在设计中不予应用，但杰基尔小姐却不认为它们易于栽植的习性是个缺陷。在炎热的夏季，很多花卉开始凋谢或者休眠，花境效果出现颓势时，它莲座状的深色叶中长出75cm（30in）高的花茎，大量地炫耀着如雏菊般雪白色的大花朵。花后直到年底，光亮的叶子依然可以在花境中起到重要作用。

珠蓍（*Achillea ptarmica*）的应用是一个难题，并不是因为它难以种植而是其蔓性过强，这一习性令人头疼。但是通过定期的分栽和移植可以阻止它的蔓延，并会促使其头状花序长得更高且更精美。它的株高可以达到75cm（30in），茎干被螺旋状狭长的深绿色叶片覆盖，顶部是松散的圆形的粉白色花朵。其中'布勒内日'蓍草（*Achillea* 'Boule de Neige'）是种植最为广泛的品种，和'珍珠'蓍（*A.* 'The Pearl'）同样是常见品种，在杰基尔小姐的设计中出现的频率仅次于'珍珠'蓍。'布勒内日'蓍紧密而柔弱的白花头，自然地生长在大量高约60cm（24in）的直立茎秆上。在更为鲜艳的花丛中，完美地阐释了精心运用白色花朵所带来的好处。

花园中绚烂的色彩

光亮与亮丽

在《花园的色彩设计》一书的开篇，杰基尔小姐描绘了一幅在明媚的春光里，花园中黄色的连翘（forsythia）和白色的木兰（magnolia）映衬在晴朗蓝天下的美景。在花境设计中和谐应用蓝色、黄色和白色同样是一个永恒的主题。虽然蓝色通常被认为是一种柔和、隐性的色彩，但是明亮的深蓝色花朵搭配明快的黄色，或是偶尔突出的白色花朵或者花白色的枝叶，就能呈现出一种最闪耀的、最清新的配色方案。

蓝色植物

拥有漂亮的蓝色花朵的植物种类相对较少。翠雀花（delphinium）有着高贵的浅色和深蓝色花朵，且具有高耸的花序，整个植株可达到1.8～2.5m（6～8ft）高。翠雀花（*Delphinium grandiflorum*, 同*D. chinense*）的花序长度能达到45cm（18in），颠茄翠雀（*Belladonna delphinium*）的穗状花序更修长，可达1～1.2m（3～4ft）。两种翠雀的花葶上娇弱的蝴蝶形小花娇美动人。特别值得一提的是，杰基尔小姐在设计中应用的翠雀花都是她自己精心繁育的种子，这样就能不受花农贩卖种子时对花色言过其实的影响，对最终效果的把控性更强。但对于没有耐心的园丁，要想在花园中拥有引人入胜且富于变化的清新蓝色调也可以通过专业人士的服务来实现。实际上，花卉供应商提供的植物在某种程度上品质还是有保证的。

以白泽氏槭 '金隐'（*Acer shirasawanum* 'Aureum'）为背景的翠雀花（delphinium）。

翠雀花通常被认为是典型的多年生草本植物。它喜潮湿、排水良好、肥沃的土壤，在杰基尔小姐的时代，往往对其进行精细的养护管理。如果想要它的穗状花序开放时品质更高，在幼苗阶段就必须进行细致的疏苗，之后，还要对留下的幼苗认真地定期设置支撑。在一个相对短暂的花季之后，老茎和枝叶很快霉烂且变得蓬乱不堪，花境效果不好。但是有一个月左右，满是尖塔形花穗，开放着一系列漂亮的带有长距的蓝色花。花朵聚集成尖塔的效果令人赞叹，足以慰藉种植的艰辛和偶尔看到满负希望的小花穗被夏季的大风暴摧毁时的痛苦。在翠雀花的周围和景观不好的地方，杰基尔小姐完善了她的设计手法，利用盛开的白色豌豆、紫色的'杰克曼尼'铁线莲（*Clematis 'Jackmanii'*）和乳白色的华丽铁线莲（*Clematis flmmula*）来掩饰早先开花的多年生草本植物花后的残体。

牛舌草（*Anchusa azurea*）虽然不像翠雀花那般令人费心，但要想让它长势良好仍需要精心的养护。它喜欢排水良好的土壤，但即使如此也不能生长多年。它的主要弱点在于花茎分支较大，极不稳定，很容易被风雨摧毁。唯一的解决方案是对它地上的分支点进行有效的固定。一旦植株下部被固定，其余茎叶将能安全度过大多数糟糕的天气，一次又一次地分叉生长，最后它粗糙的枝叶就会形成圆形的冠幅较大的灌丛，株高也会达到1.2m（4ft）左右。初夏，牛舌草的枝叶顶端绽放出一长串的亮蓝色花朵。'奥珀尔'（'Opal'）是一种淡色的花形。

更为优美的是鸢尾，尤其是细长的西伯利亚鸢尾（*Iris sibirica*），有着鲜艳的蓝色花和浅灰绿色的基生叶。西伯利亚鸢尾是一种众所周知的滨水植物，但其实，它在旱地或石灰岩上的长势更佳。它能很快长成1m（3ft）左右冠幅和株高的花丛，令人印象深刻。如果能定期地进行分株，生长效果更好。在飘带形斑块种植的圆球形植物株丛中，散植的西伯利亚鸢尾穿梭其间，明亮的色彩十分吸引眼球。

蓝色的鼠尾草在年末是花境的主角。长蕊鼠尾草（*Salvia patens*）植株低矮［45cm（18in）］，叶丛丰茂，独特而大型的亮深蓝色花朵绽放其中。深蓝鼠尾草（*Salvia guaranitica* 'Blue Enigma'，同*Salvia ambigens*），植株较高［1.2m（4ft）］，细长的花序灰白色。虽然这两种鼠尾草是多年生植物，在有保护措施的花园中可以生存几个冬天，但在第二年最好重新播种（从深蓝鼠尾草的底部重剪或者播种）以确保其旺盛的长势且开花繁茂。初秋，当花园中大多数的其他花朵开始衰败时，萝藦龙胆（*Gentiana asclepiadea*）开始绽放自己美丽的花朵。正蓝色的小花着生于45～60cm（18～24in）高的花序上，在一丛明亮的黄绿色叶片上显露头角。最后，蓝雪花（ceratostigma）的开放预示着一

个季节的结束。广泛分布的草本蓝雪花（*Ceratostigma plumbaginoides*,
同*Plumbago larpentae*）似乎每年都会忘记它是如何开的花，当深秋临
近，蓝雪花的叶色开始从可爱的铅灰绿色逐渐过渡到深沉的紫红色时，
20cm（8in）高的蔓性植团上突然闪烁着小而明亮的蓝色花朵。这是最
适宜种植于向阳墙角的一种植物：炎热、干燥的生境促使其开花早且花
量大，而且为柔化岩石墙体的棱角起到了重要作用。

明亮的黄色

作为蓝色的对比色，黄色的表现被杰基尔小姐诉诸于花和叶。连翘
在前文中已经提及，它明亮的黄色花朵在春天开放。棣棠花期紧随其
后。它具有两种独特的花形：其中一种为人熟知，即直立的重瓣型，蛋
黄色的绒球般花朵开放于高约2.5～3m（8～10ft）的植株上；另一种是
单瓣型，色彩较浅，如一朵朵单瓣小月季开放在细长的亮绿色枝条上。
这是一种美丽而适应性强的植物，适合应用在灌木花境以及野生花园
中。株高能达到1.5m（5ft），冠幅能达到2～2.5m（7～8ft）。

在夏季开花的植物中，很多都是菊科植物。春黄菊呈发暗的深黄色
调，轮叶金鸡菊（*Coreopsis verticillata*）的叶丛十分美丽，适合应用于花
境的前部。这两种植物的株高大概在45～60cm（18～24in）。花境的后部
可以种植金光菊（rudbeckia）和向日葵（helianthus），它们植株高大，可
达1.5m（5ft）及以上。特别是向日葵，有时会特意向前拉，伸到较早开
花植物残株的上方，让通常瘦干的茎上萌发无数的侧枝，最后会把一株
植物变成一片灿烂的色彩。

凤尾蓍（*Achillea filipendulina*）也是菊科的一种观花植物，植株挺
立，株高1.2m（4ft），它小小的花头积聚在一起，形成了一个宽大扁平的
纯黄色花序。直立的茎干被细碎的枝叶所掩盖。它的花期很长，在冬季
都有很好的观赏效果，不过到那时黄色的花序已经转为暖棕色。跟其他
黄色系的菊科植物一样，它在各种类型的土壤上都能生长良好，如果经
常进行分株和移植到新土中，能使其一直保持生长活力，开花繁茂。

金色的叶子

《花园的色彩设计》一书中写道，在杰基尔小姐原创的金色花园中，
她使用了金叶冬青（holly）、金叶女贞（privet）和其他黄色叶或黄色花
叶的植物为黄色花朵构建背景和骨架。在她所设计的花境中，尤其是金
叶女贞和斑叶女贞（*Ligustrum ovalifolium* 'Aureum'），在一年中的大多

数时候都是花境中展现亮黄绿色叶植物团块的绝对主角。虽然远不如绿色女贞那样有朝气，但它能达到2～2.5m（7～8ft）高来衬托翠雀花（delphinium）的蓝色花穗；同时它十分耐修剪，可以通过修剪保持很低，用在花境的中部或前部。

'金色羽叶'金叶接骨木（Golden elder, *Sambucus racemosa* 'Plumosa Aurea'）在杰基尔小姐的设计中虽然不经常用，但也比较常见。它精致的掌状深裂的叶片以及明亮清新的叶色都十分令人喜爱。从远处看，有时候会与金色的日本枫（Japanese maple）混淆，两者虽然比较类似，但接骨木可以露地越冬，这是与枫树最大的不同。想要让金叶接骨木的叶色达到最亮，每年都要进行重剪，使它们再重新长到1.5～2m（5～7ft）高。但如果一些植株上的部分枝条是隔年修剪一次，那么老一些的枝条就会开出白色的接骨木花，随后还会有成簇的极富装饰性的红色果序。接骨木的老叶也会逐渐变红，产生总体上温暖的效果。

在很低的高度上，通常使用25cm（10in）高的金色短舌匹菊（feverfew, *Tanacetum parthenium* 'Aureum'）、法国万寿菊（marigold）以及偶尔出现的蓝色半边莲（lobelia），它们都被用作镶边植物。小白菊的白色花朵很有吸引力，但这些花朵极大地缩短了植株的寿命。在第一朵花蕾出现时，修剪至5cm（2in），将促使新一轮的羽状枝叶萌发，从而延长了植株的寿命。这样的修剪如果有必要可以在一年之中多次进行。如果株丛中，偶尔有一些植株被遗漏而未被修剪到，它们就会很快在45cm（18in）高的花茎上开花结籽，产生大量的幼苗。为了来年开花效果更好，可以在原地进行间苗，或者移栽到别处。

丰富的色彩设计

绚烂的色彩

很难理解格特鲁德·杰基尔的名字和之前说到的柔和色彩的花境之间的必然联系。在实践中和设计图纸上，杰基尔小姐对于大胆的、丰富的色彩设计有着极大的热情，而且应用的植物类型非常广泛，包括灌木到一年生植物，以实现热烈绚烂的景观效果。

鲜艳的色彩

在很多杰基尔的种植案例中，观赏期都是以东方罂粟（Oriental poppy）起始的，它的花色有橘红色、猩红色或接近于绯红色，它皱

美国薄荷'剑桥红'（*Monarda* 'Cambridge Scarlet'）。（左图）

'红透'药用芍药（*Paeonia officinalis* 'Rubra Plena'）和红花矾根（*Heuchera sanguinea*）。（右图）

巴巴的丝绸质感的花瓣、管状的乌黑色雄蕊，都着生于长有毛的长达75cm（30in）的茎干上。这些罂粟在花期后会很快倒伏，但在杰基尔的巧妙安排下，它们很快被花境中新萌发的丝石竹（gypsophila）和随后的旱金莲（nasturtium）幼苗所掩盖，或者其中散植的大丽花（dahlia）来延续东方罂粟红色和橙色的色调。古老的重瓣深红色的'红透'药用芍药（*Paeonia officinalis* 'Rubra Plena'，同*Paeonia officinalis* 'Flore Plena'），株高、冠幅都达到75cm（30in），枝叶色彩也较深。它也同样出现在杰基尔小姐的设计中，为一年的景观拉开了华丽的序幕。

随后而来的是大量鲜艳的花卉。橙色的'重瓣'萱草（*Hemerocallis* 'Flore Plena'）壮硕的花芽从早先萌发的淡黄绿色叶子间探出。美国薄荷'剑桥红'（*Monarda* 'Cambridge Scarlet'）生动的色彩扩散到苞片和茎的上部，观赏期能持续很长时间。在干燥土壤环境中，这种色彩会因为霉病而迅速消失。这两种植物都能长到1m（3ft）高。月见草（oenothera）的几个不同品种常常被应用于暖色系的搭配方案中。虽然这些花朵通常呈现几分浅黄色，特别是讨人喜欢的大果月见草（*Oenothera missouriensis*），但是它们的茎和花蕾一般都带有斑点或者偏红色。秋花堆心菊（*Helenium autumnale*）也有不同的栽培品种，有似向日葵（helianthus）般天然的黄色、金光菊（rudbeckia）般浓烈的色彩，还有深金色、铜色和桃红色，十分丰富，株高也能达到1m（3ft）。

暗沉的色调

　　30cm（12in）宽的边缘条带中，很好地体现了深黄、橙色以及红色的完美融合。条带中种植着红花的矾根（heuchera）、或是杰基尔小姐最爱的'曲叶'（'stain leaf'），以及青铜色的美洲矾根（*Heuchera americana*），与穗状的红花钓钟柳（penstemon）或者深色的金鱼草（antirrhinum）搭配种植。在这些明亮而强烈的色彩中，杰基尔小姐精心地添加了暗沉的粉色调进行调和，加入了缬草（valerian）、红缬草（*Centranthus ruber*），它们株高大约75cm（30in），叶灰绿色，茎干呈浅色或深的玫红色；在秋天，密穗蓼（*Polygonum affine*）的修长花序覆盖了10cm（4in）大小的叶片，花色也从粉色渐渐偏向了淡淡的深红色。蒂立景天（*Sedum telephium*）醒目、齐平的粉色花序转化为暖褐色，不久后其浅色的、肉质的叶子也开始枯萎，但宿存的花序在冬季的大部分时间如雕塑般挺立。

深色的叶子

　　最后，深色树叶会进一步加深这种效果。从前文已经提及的美洲矾根（*Heuchera americana*）到紫色叶的'皮萨迪'红叶李（*Prunus cerasifera* 'Pissardii'），后者是小乔木，但在杰基尔小姐的设计中，对其进行重度修剪，使其成为具有长长嫩枝并且叶色丰富的大灌木。臭牡丹（*Clerodendrum bungei*）现在很少在花园中应用，但它在花境中具有强调色彩的特殊作用。在有遮蔽的花园中，背靠着向阳的墙体，臭牡丹有时会长成2～3m（7～10ft）高的大灌木。在冬季霜冻时，它通常被修剪至贴地的高度。当春季来临，植株会长到1m（3in）的冠幅，长出优美的心形叶子，呈现出淡紫红色。其独特的叶子让它在花境中赢得一席之地，但当夏末或秋季来临，每一枝强壮的茎干都不再是欣赏的主体，暗沉的莲座状幼叶丛中，明亮的、丁香般紫粉色的扁平花序取代了叶子成了新的欣赏对象。如果近距离细细观察，枝叶和花朵显得很不协调，特别是在平静的秋日里当橙色的蝴蝶停留在扁平的花序上时更为明显，但总体而言，臭牡丹在盛花期的总体效果是丰富而强烈的。

　　大丛的丝兰（yucca）、深色的美人蕉（canna）、蓖麻（castor oil plant）或深色叶的大丽花（dahlia）进一步丰富了斑斓的色彩，同时还搭配种植了大量的橙色、鲜红色和深红色的一年生植物——万寿菊（marigold）、金鱼草（antirrhinum）、旱金莲（nasturtium）等。在杰基尔小姐的种植设计中，优美丰富的色彩以及醒目的形式是非常鲜明的特

大迪克斯特住宅（Great Dixter）中的桂竹香（wallflower）。（左图）

林迪斯法恩（Lindisfarne）中的蜀葵（hollyhock）。（右图）

色，与她总是被称为以柔和效果见长的设计师是不相符的，这种误解也愈发让人百思不得其解。

丰富的花色

彩虹般的花卉

格特鲁德·杰基尔种植设计的最大特点是和谐感，而要实现这种和谐感则需要在种植设计中应用重复的要素。在色彩渐变的花境中，形式的重复只能通过重复应用一系列花色的植物来实现。

春天的彩虹

在春天，桂竹香（Wallflower）和郁金香（tulip）极好地满足了这一要求。杰基尔小姐从不密集地使用花坛植物，但是窄条状的白色、黄色、粉色或是红色的郁金香和长飘带状芳香的桂竹香（Wallflower）被用在了报春花（primrose）丛中。迷人的春季花园中有筷子芥（arabis）或紫芥菜（aubrieta）较浅的叶子和淡色的花、鼠尾草（sage）的深色叶和青铜色的矾根（heuchera），在这其中较深的黄色、红色、紫色和棕色起着重要的作用。为了使相同的主题有些微妙的变化，她还应用了紫色、淡紫色、粉色以及醒目的乳白色耧斗菜（columbine）。长距的杂种耧斗菜（hybrid aquilegia）花色范围很广，非常适用于创作彩虹般色彩丰富的花卉景观。为了达到色彩设计的要求，耧斗菜可能会被经常移植到合适的位置，甚至在花期时，也可以通过浇水等栽培养护措施保证其成活。或者还有另一种方法，在苗圃里培育时，当耧斗菜第一次开花时就按花色进行归类，然后在花后进行分株繁殖和移栽，为接下来的秋季或春季大量出苗做好准备。大量带长距的花朵就像一群蝴蝶一样聚集在75cm（30in）高的直立茎干上，茎干下面是高约30cm（12in）的灰绿色叶丛，这一景致体现了晚春的精彩，而它的叶子一直到夏天都很美丽。

花色最为丰富的莫过于鸢尾（iris）。这种植物用希腊彩虹女神的名字命名真是恰如其分。杰基尔小姐使用有髯鸢尾的经验非常独特而难以言传，这其中有两个原因。首先，到了20世纪，植物本身发生了显著变化，由于品种的更新发展，数量庞大的新品种的花色从白色到各种色调都有，包括黄、蓝、粉红、橙、棕及紫、近黑色等。杰基尔小姐所使用的品种中只有少数被专家收集保存下来。其次，她使用的许多或大部分经她授权的植物都是她自己花园中培育出来的，为了方便使用或是有些品种的名字已经无法说清，所以杰基尔小姐将她设计中的大量鸢尾都以数字命名。如果苗木来自于她芒斯特德·伍德花园附近的荫棚，它们会被标注为"HUT1"、"HUT2"等。诸如此类的情况特别多，人们只能凭借其他方案设计中对鸢尾的标注来猜测相类似色彩的鸢尾名称。不过，这些问题很大程度上都是学术问题。杰基尔小姐最初使用的鸢尾品种现在可能很难获得，而且将其与现代品种的观赏性状比较也没有太大意义。但杰基尔小姐的种植方法对今后的设计有十分重要的指导意义，她在种植方案中重复使用鸢尾，在花境的不同部分利用其丰富的色彩与相邻植物营造和谐的效果，同时还保持其长约45cm（18in）的浅色剑形叶的独特韵律。

夏季色谱

到了夏天，球根秋海棠（begonia）高大的肉质茎能达到40～45cm（15～18in），白色、黄色、橙色或红色的球形大花朵着生在枝顶。现今，这些大花的秋海棠多数仅应用于庭院盆栽。在极具光泽的岩白菜（bergenia）叶丛中种植一定数量的秋海棠，两者的组合十分完美但又不花哨，而且将热烈的红色和橙色色调迅速转换成了似冰冻果子露般清凉的黄色和白色色调。

白、浅黄和深黄、粉、红和暗红色的蜀葵（hollyhock）是杰基尔小姐应用于长花境中的重要植物。遗憾的是，由于20世纪初爆发的蜀葵锈病，现在已经很难将蜀葵作为可依赖的宿根植物去种植，来展现其2.5m（8ft）高的花穗，并散发村舍花园的景观趣味了。但是好的蜀葵品系可以作为一、二年生栽培，能够长到相似的高度。

绝大多数的大丽花（dahlia），包括那些在园艺展会上占有一席之地的优良品种，种植在一起时它们圆球状的株形以及粗糙的似马铃薯般的叶子形成的景观效果非常单调。当沿着花境种植时，处在众多植物纷杂的叶丛中和偶尔出现的耸立的花序中，它们就显现出了自身的重要性，自由开放的花朵、众多的花色和可观的花头尺寸。从初夏定植到秋季首次霜冻后挖走期间，需要给予细心的栽培养护。与鸢尾（iris）一样，杰基尔小姐所用的那些特殊的品种很难、也没有必要必须找到。她的那些精彩的设计案例可以用现代的品种进行重新演绎，有从最高的3m（10ft）到45cm（18in）或者更矮的各种品种。

金鱼草（antirrhinum，在杰基尔小姐的设计方案中经常称之为snapdragon），同样也是因为其丰富的花色而被频繁地使用。它挺拔而

'玛丽娜公主'天芥菜
（*Heliotrope* 'Princess Marina'）。

优雅的穗状花序有白色、黄色、粉红色、玫瑰色或是红色，另外，因为它的株高跨度很大，有从40cm（15in）的矮小品种到1.2m（4ft）的高大品种，所以特别实用。因此，可以将适宜花色的金鱼草团块广泛布置在花境的前部、中部或偶尔在后部，强调它们鲜明的韵律感。植物繁育者曾经一度着迷于培育一些异常的唇瓣、矮化的品种（替代强健的花序形成整洁的布丁样的形态）和钓钟柳花型的品种（花筒能够放入一个小孩手指那么大的东西，金鱼草的香味被散失殆尽）。不过幸运的是，在园艺商店里，钓钟柳花型的金鱼草在种苗名录上还能找到，淡色的品种也开始一再出现在混色的品种中。

短命的植物
一季的花期

短命植物——是指一年生、二年生和柔弱的多年生植物。它们在杰基尔小姐的更为复杂的种植设计中起到了增加花色和丰富植物多样性的作用。前文已经提及一些短命植物的特征，如美人蕉（canna）粗大的枝叶，或是大丽花（dahlia）和金鱼草（antirrhinum）彩虹般的丰富色调。很多其他植物种类都同样适用于前面章节讨论的变化多样的色彩主题，但这样一些生长期很短而丰富多彩的植物非常适合组合在一起，扮演独特的角色。尽管需要花费更多精力去播种、间苗、移植或进行根插越冬，但这些植物能在开花的随时性和花期的持久性方面给予最好的回应。

短暂和永久之间的分界线不是非黑即白的。金鱼草（antirrhinum）和蜀葵（hollyhock）在几个世纪里都是作为多年生植物栽培的，但现在它们很容易因为感染锈病而衰退，因此只有每年进行播种繁殖才能保持更好的长势。在温暖的花园里，大丽花（dahlia）和美人蕉（canna）可以作为多年生草本植物进行栽植，但如果能覆盖保护越冬，并在第二年的夏初进行分株或根插等方式露地移栽，它们的长势会更有保障和更具活力。

柔和的协调

为了填补柔和色彩花境中的空隙，杰基尔小姐特别使用了株形松散的紫花藿香蓟（ageratum），粉红色的高代花（godetia）和浅丁香紫色、近白色以及深紫色的天芥菜（heliotrope）。藿香蓟是半耐寒的一年生植物，在温室中播种，霜冻之后移栽进花园。大多数现代的藿香蓟株形紧凑（15～20cm（6～8in）），有时会超出一些，但更高的品系（就是那些在花坛应用上被认为是次品的老式和更便宜的栽培变种）能够形成更为优美的植株，开出的参差不齐的花朵更适合形成柔和的色彩。

高代花（godetia）是耐寒的一年生植物，是在要开花的地方直接播种培育非常容易的植物之一。依不同的品种，密集的花丛可达到30～60cm（12～24in）不等。现代的大多数品种都是混色的，但是粉色、玫瑰色和红色的色彩变化本身就能相互协调。在需要特定花色的地方，最好的方法是进行混播，幼苗时间苗保持10cm（4in）的株间距，当开始开花时进行第二次间苗，只留下所需要的色彩或色彩范围内的植株。

20世纪之初天芥菜（heliotrope）被作为娇弱的多年生植物栽培，扦插繁殖，温室保护越冬，有时将其培育成尖塔形，或是1m（3ft）高的标准型，或者更高。有数百个栽培品种，在美丽的浓绿色叶片上开放出松散、圆形的花头，散发着"樱桃馅饼"般的甜香。一些老的品种在专业的苗圃中得以保存下来。但缬草是一种较难露地越冬的娇弱多年生植物，现在通常通过种子繁殖。较常见的品种是深紫色、深暗偏紫色的叶片，植株紧实，为35～45cm（15～18in）。很值得庆幸，它们依然保有着老品种浓郁的香味。

多彩的设计

在较为明亮的色彩设计中，杰基尔小姐倾向于应用低矮的、蔓性强的地毯状半边莲（lobelia），或亮蓝色的蓝菊（kingfisher daisy, *Felicia*

高代花（godetia）。（左图）

蓝菊（*Felicia amelloides*）。（右图）

amelloides）、浅柠檬黄的孔雀草（French marigold）以及鲜黄色的蒲包花（calceolaria）等植物，来补充翠雀（*Delphinium grandiflorum*）（一种短命的多年生植物，常作半耐寒的一年生植物栽培）、长蕊鼠尾草（*Salvia patens*）、牛舌草（anchusa）和黄色的雏菊（daisy）。杰基尔小姐使用半边莲、蒲包花、万寿菊及其他"植坛"植物的方法与维多利亚时期色彩对比强烈的同心圆种植形式没有太大差别。

在色彩更为斑斓的花境中，一年生植物才真正显示了它们的优势。橙色的非洲万寿菊（African marigold）、红色的金鱼草（antirrhinum）、鲜红色的鼠尾草（salvia）、各种红色、肉粉色的钓钟柳（penstemon）、天竺葵（pelargonium），在大丽花（dahlia）、美人蕉（canna）和多年生的火炬花（kniphofia）之间穿插种植。黄色、橙色和鲜红色的旱金莲（nasturtium）或是蔓延到了一堆枯萎的丝石竹（gypsophila）中，或是混杂在绿毯状的五叶地锦（Virginia creeper）里。

然而，木犀草（mignonette，*Reseda odorata*）是杰基尔小姐最喜欢的一年生植物之一。它有着沉稳优雅的淡绿色叶子，以及40cm（15in）长、散发着香甜气味的绿色花序，常被用作许多明亮色彩组合的镶边材料。这是一种及时的提示，是在最大胆的种植设计中用平稳的对比来保持活力的需求。

点睛之笔

在有些作品中，整个花园的各个部分都留给了短命的植物，如芒斯特德·伍德花园，当然还包括小坎布雷斯岛（Little Cumbrae）花园。此外，在更多的案例中，色彩鲜艳的短命植物为持久的多年生草本和灌木画上了点睛之笔。它们漫长的花期、旺盛的生命力以及给人带来的愉悦感，使很多花园令人印象更加深刻。杰基尔小姐对于短命植物的培育和配置技巧臻于完美，汇集了园丁和画家的技巧于一身，这都很好地说明了她对现代园林产生影响和依然能够为今天的设计触发灵感的原因。

译后记

　　在英国，从事花园设计、植物景观设计的专业人士和园艺爱好者无人不知格特鲁德·杰基尔（Gertrude Jekyll）。她的很多著作至今还在不断地出版，她的设计手法至今还在影响着现代的园林设计师。她的植物配置理论对于英国花园的影响可以堪比《园冶》之于中国古典园林的地位。细心地学习和研究杰基尔的设计理论，可以很好地理解英国花园的设计方法。《Colour Schemes for the Flower Garden》是杰基尔最重要的理论专著，中文译本《花园的色彩设计》已经出版发行。而《The Gardens of Gertrude Jekyll》则是另外一册详细阐述杰基尔设计思想的论著，是研究学习杰基尔设计理论的姊妹篇。作者理查德·贝斯格娄乌（Richard Bisgrove）是研究英国花园历史的著名专家，是研究杰基尔花园设计理论的权威。他基于杰基尔的设计图纸，分专题详细地分析了杰基尔的设计手法。不仅形象生动地描述了每个设计组合的精妙之处，而且重新绘制了杰基尔的部分设计图纸和配插了精美的照片，可以让读者更为直观地理解杰基尔的设计思想。

　　这本探讨杰基尔花园设计理论和方法的著作中，植物自始至终是论述的核心。那么，准确译出植物的名称就是重中之重的事情。困扰译者的不仅是很多植物的拉丁名没有对应的中文名，还有不少英文名的植物不易考证，只能反复追问原著作者贝斯格娄乌先生详加解释。比如，单籽山楂（*Crataegus monogyna*）在原著中有thorn, hawthorn, whitethorn, quick, quick thorn等不同的称谓，却是指同一种植物。Guelder rose和water elder都是欧洲荚蒾（*Viburnum opulus*）的英文俗名，而snowball tree却是指重瓣型的欧洲荚蒾。最难厘清所指的莫过于geranium，原著中更多的时候是老鹳草的属名，这是作者的通常做法，经常使用首字母小写、正体的属名来指代一类的植物，或是上文中提到的该属某种植物。但是有时geranium却又是多年生天竺葵（*Pelargonium*）的英文名，不易分清，需要根据上下文确定。

　　对该书进行最后的校对工作时，恰逢在英国做访问学者。一日与同在英国的董璁教授考察罗沙姆住宅与花园（Rousham House & Garden），讨论中他提起许多英文人名、地名、花园名称的中文译法五花八门，往往不知所指，产生很多不必要的麻烦。因而，本书将原著中很多重要的地名、人名在译出中文名的同时，保留原来的英文名，以便于读者学习、考察和研究。

另外一处别有用意的做法是将植物的拉丁名和英文名在文中不断反复出现。此举一则可以很好地对照插图中的植物名称，详加参悟文字的表述，而且可以让专业的读者不断地熟悉这些植物的拉丁名和英文名，增进记忆，于阅读中学习掌握这些植物的名称。

《国外植物景观设计理论与方法译丛》系列图书的推出得到了北京林业大学园林学院李雄院长的极大支持，王向荣教授亲自选定和推介了代表格特鲁德·杰基尔植物景观设计理论的两部重要著作《Gertrude Jekyll's Colour Schemes for The Folwer Garden》和《The Gardens of Gertrude Jekyll》作为该系列丛书的首推之册。国内植物景观规划设计的先行和开拓者苏雪痕教授对介绍国外植物景观设计理论的构想十分赞赏，对译著的进展工作十分关切。在植物景观规划设计教研室主任董丽教授的鼓励下，教研室的年轻教师不畏艰难、齐心协力地完成了两部著作的翻译工作。

为促成出版计划的顺利实施，安友丰老师进行了大量协调交流工作，在此深表谢意。

本书出版得到了中央高校基本科研业务费专项资金资助（项目编号TD2011-27）。

尹豪
2013年6月1日
写于谢菲尔德